园林景观工程施工与管理研究

姜 玲◎著

吉林出版集团股份有限公司

全国百佳图书出版单位

图书在版编目（CIP）数据

园林景观工程施工与管理研究 / 姜玲著 . -- 长春：
吉林出版集团股份有限公司 , 2023.8
　　ISBN 978-7-5731-4294-8

　　Ⅰ . ①园… Ⅱ . ①姜… Ⅲ . ①景观—园林建筑—建筑
工程—工程施工—施工管理—研究 Ⅳ . ① TU986.3

中国国家版本馆 CIP 数据核字（2023）第 180453 号

园林景观工程施工与管理研究
YUANLIN JINGGUAN GONGCHENG SHIGONG YU GUANLI YANJIU

著　　者	姜　玲	
责任编辑	林　丽	
封面设计	李　伟	
开　　本	710mm × 1000mm	1/16
字　　数	210 千	
印　　张	11.75	
版　　次	2024年1月第1版	
印　　次	2024年1月第1次印刷	
印　　刷	天津和萱印刷有限公司	

出　　版	吉林出版集团股份有限公司
发　　行	吉林出版集团股份有限公司
地　　址	吉林省长春市福祉大路 5788 号
邮　　编	130000
电　　话	0431-81629968
邮　　箱	11915286@qq.com
书　　号	ISBN 978-7-5731-4294-8
定　　价	71.00 元

作者简介

姜 玲 女，从教于山东建筑大学。研究方向：建筑装饰工程造价管理、园林工程造价与施工管理、环境艺术设计管理。

著作教材：

（1）《建筑装饰工程预算》，南京大学出版社，2018。

（2）《建筑装饰工程预算》，中国建材工业出版社，2015。

（3）《园林绿化工程概预算》，化学工业出版社，2015。

（4）《装饰工程工程量清单计价与招投标》，中国电力出版社，2009。

（5）《装饰工程预算与招投标》，山东科学技术出版社，2006。

发表论文：

（1）Applied Science，Materials Science and Information Technologies in industry：An accurate prediction method for budgets of large construction project，EI 收录 20141117458443.

（2）《基于历史环境保护的城市建筑景观设计研究》，工业建筑，2022（4）。

（3）《基于景观互动下的体验式在空间中的应用》，建筑结构，2022（4）。

（4）《济南交通信息指挥中心办公空间设计》，山东建筑大学学报，2011（12）。

（5）《建筑装饰工程工程概预算课程教学改革探讨》，山东建筑大学学报，2010（8）。

获奖：

（1）2022中芬国际文化艺术交流双年展银奖首位，北京后海南沿井胡同7号（精品酒店）策划设计。

（2）2017第九届中国（山东）工艺美术博览会"神龙杯"工艺美术精品奖金奖首位，土泉村幸福大院民宿。

（3）2012-2013年度中国高等院校环境艺术设计大赛(华鼎奖)第二位，亚虎科技办公楼空间设计。

（4）2011山东省第五届优秀建筑装饰工程设计大赛实际工程类二等奖第二位。

专利：

（1）发明专利：一种园林自清洁水池[P]202210338194.0，202207。

（2）实用新型：一种新型艺术设计画图设备[P]201720546433.6，201804。

（3）实用新型：一种以粉煤灰轻质砌块为材料的浮雕壁画[P]200820225588.0，200909。

前 言

随着我国经济快速发展，综合国力有了极大的提高。人们的物质生活水平和精神文化水平有了显著改善，园林成为人们生活的一部分。特别是在全球环境恶化严重的历史时期，园林建设日益被人们所重视，园林景观工程施工与管理是园林建设中的重要工作，直接关系到园林建设的质量与效益。

园林景观工程的施工和管理是一个涉及多个领域的综合性工程。园林工程涉及水景、园路、假山、给排水、造地形、绿化栽植等多个方面，每一项工程的设计和施工都必须紧密关注完工后的景观效果，以创造出优美的园林景观。在进行园林施工过程中，必须严格遵循相关规范标准，确保工程质量达到规定指标和要求。随着园林建设规模的不断扩大，对园林施工工艺的要求日益提高，对园林景观工程管理也提出了更高的要求。本书以培养园林工程施工与管理的职业能力为重点，既有专业的理论知识，又有对技术能力的培养。强调专业知识的全面性、系统性，包括园林景观管理的方方面面。本书的理论深入浅出，内容图文并茂，一方面编写严谨，另一方面力求文字简洁，避免学起来枯燥生硬。编写过程强调实践性，从实践环节入手，便于进一步理解和掌握相关知识。

本书内容共分为六章。第一章为园林景观工程施工与管理概述，主要介绍了两个方面的内容，分别是园林景观工程的施工概述、园林景观工程的施工管理概述。第二章是土方与给排水工程施工技术，同样包含两个方面的内容，依次是土方工程施工方案及技术、给排水工程施工方案及技术。本书第三章为园林水景、绿化与照明工程施工技术，主要介绍了三个方面的内容，依次是水景工程施工方案及技术、绿化工程施工方案及技术、照明工程施工方案及技术。第四章为园林景观工程施工组织管理，主要介绍了三个方面的内容，依次是施工组织管理概述、施工组织总设计、施工组织编制方法。第五章为园林景观工程施工过程管理，包含四个方面的内容，依次是施工现场管理、施工进度管理、施工安全管理、施工质量管理。第六章为园林景观工程施工成本管理，包含三个方面的内容，依次是园林景观工程成本管理概述、园林景观工程成本核算、园林景观工程成本计划与控制。

在撰写本书的过程中，作者得到了许多专家学者的帮助与指导，参考了大量的学术文献，在此表示真挚的感谢。

姜　玲
2023 年 3 月

目 录

第一章　园林景观工程施工与管理概述

本章作为园林景观工程施工与管理的入门章节，主要介绍了园林景观工程施工与管理概述，包含园林景观工程的施工概述、园林景观工程的施工管理概述两节内容，为学习园林景观工程施工与管理奠定基础。

第一节　园林景观工程的施工概述

一、园林景观工程的概述

（一）园林景观工程的概念

园林建设的历史源远流长，园林景观工程作为工程建设的重要组成部分与园林建设工程有着密不可分的关系。无论是中国还是西方，无论是古代还是现代都出现了很多令人称赞的园林景观工程，它们形式多样，各具特色。研究人员发现，园林景观工程技术在园林建设过程中起着不可估量的作用，正因为有了卓越的园林景观工程技术，才能形成风景宜人的景观，营造出具有强烈艺术感染力的空间氛围，甚至深邃悠远意境的构建都离不开园林景观工程技术的支持。可以说，园林景观工程是园林建设中不可或缺的一部分，不管是花坛、喷泉、回廊等小型园林设施的营造，还是占地面积较大的公园、环境绿地、风景区的建设都有赖于多种工程技术的支持。

园林景观工程是集建筑、摄山、理水、铺地、绿化、供电、排水等为一体的大型综合性景观工程。这一系统工程的重点是应用工程技术的手段来塑造园林艺术形象，使地面上的各种人工构筑物与园林景观融为一体，以可持续发展观构筑城市生态环境体系，为人们创建舒适、优美的休闲、游憩的生活空间。

任何事物都有区别于其他事物的显著特征，研究人员通过研究其特点，明确界定其概念，以便于将该事物与其他事物区别开来。然而，不同的专家从不同的研究角度出发对事物有着不同的认知，界定事物的概念也有着很大的差异，园林景观工程也不例外。园林界对于园林景观工程的定义有广义和狭义之分。从广义上来说，园林景观工程是综合的景观建设工程，涵盖了园林景观建设的全过程，包括规划部门为了改善城市生态环境开始初步立项到聘请专业的设计人员进行设计，施工人员组织施工及工程竣工后后期养护人员进行修剪、养护的全过程。

从狭义上来说，园林景观工程就是以目标园地为改造对象，结合其功能定位，运用卓越的工程技巧和艺术手法，对园林要素进行现场施工，从而将其改造成优美景观区域的过程。换句话说，园林景观工程是指通过人工手段（无论是艺术的还是技术的）在一定的范围内对园林设计要素（也被称为施工要素）进行工程处理，以实现园地的审美要求和艺术特色。从这一意义上看，该学科的基本点不是如何对平面图上的设计要素进行处理，而是通过理解设计思想，对其设计要素在现场进行合理组织与施工。所以，园林景观工程是具有实践性的，是现场的，是使用各种施工材料、运用各种施工技术和管理方法来完成的一个再创作的过程。

再从园林这个层面分析园林景观工程。园林是在一定的地域运用工程技术手段和造园艺术手法，通过改造地形、种植树木花草、营造建筑和布置园路等途径建成的完美的游憩境域。要最终成就这种完美的游憩境域，必须经历工程实施过程，这一过程涉及地形、植物、建筑、园路及相关的配套设施，如供电供水、设备维护等，因此，园林景观工程不单单是某种工程技艺，更是各种工程技术手段的综合体现。

（二）园林景观工程的特点

园林景观工程是将地形地貌、植物花草、建筑小品和道路铺装等多种造园要素在特定地域内融合起来，通过工程技术和艺术创造呈现出的艺术性场所。相对于其他工程，园林景观工程具有明显的特色。

1. 园林景观工程的艺术性

园林景观工程是一种多学科交叉的艺术性工程。不同于其他工程技术的单一性质，它集建筑艺术、雕塑艺术、造型艺术、语言艺术等多种艺术特色于一体。园林要素作为园林景观工程中的重要组成部分，并不是彼此孤立、隔绝的，而是相互联系、相互作用的。正因为它们相互映衬、彼此呼应，才能创造出独具特色的园林艺术景观。例如，瀑布水景给人以生动、活泼的美感，而要呈现这种艺术效果，不仅需要园林设计师精心布置落水的姿态，还需要灯光师结合周围环境合理安排配光，同时背景植物及欣赏空间的巧妙布局也是必不可少的。植物景观要想形成令人耳目一新的艺术效果，也需要以观赏者为中心，充分考虑他们的视觉感受和心理需求，对色彩、外形、层次、疏密等视觉要素进行合理安排，进而呈现出独特的景观特征。园路铺装则需充分体现平面空间变化的美感，在划分平面空间时不能只具有交通功能。

2. 园林景观工程的技术性

园林景观工程是一门技术性很强的综合性工程，涉及土建施工技术、园路铺装技术、苗木种植技术、假山叠造技术、建筑小品构造技术，以及装饰装修、油漆彩绘等诸多技术。

3. 园林景观工程的综合性

作为一门综合艺术，园林的创作过程所涉及的技术相当复杂。随着园林景观工程规模不断扩大，团队协作和多方配合变得更加重要。园林景观工程应广泛应用新型材料、新技术、新工艺和新方法，使园林各要素的施工更加注重技术的综合性。另外，施工材料的多样性使材料的可选择性加强，施工方式、施工方法也相互渗透，单一的技术应用已经难以满足现代园林景观工程的需要了。

4. 园林景观工程的时空性

园林可谓是一门五维艺术，除了空间特性，还需要关注时间特征，以及造园者的思想和情感。园林景观工程的空间表现因地域的不同而存在着各种特点。作品是现实的、非图纸的，因此在建设时重点要表现各要素在三维空间中的景观艺术性。园林景观工程的时间性则主要体现于植物景观上，即常说的生物性和观赏性。植物作为园林造景最重要的元素，其种类繁多、品种多样、生态环境要求各异，因此在造园时必须按不同植物各自的生态环境进行科学配植。

5. 园林景观工程的安全性

"安全第一，景观第二"是园林创作的基本原则。这是由于园林作品是给人观赏体验的，是与人直接接触的，如果工程中某些施工要素存在安全隐患，其后果不堪设想。在提倡以人为本的今天，重视园林景观工程的安全性是园林从业者必备的素质。因此，作为工程项目，在设计阶段就应关注安全性，并把安全要求贯彻于整个项目施工之中。

6. 园林景观工程的后续性

后续性主要表现在两个方面：一是园林景观工程各施工要素有着极强的工序性。园林景观工程在施工过程中要遵循特定的工序，首先实施土方工程，其次开展园路工程，再次栽植工程，最后是塑山工程及其他小品工程，这些环节为一个有机整体，必须按照一定的顺序和方法来组织实施。为了确保后续作业的顺利进行，必须建立良好的工序间链接关系，并对前道工序进行仔细检查和验收。同时，还需要对整个过程中各个细节问题作出详细记录和总结。二是园林作品理念需要经过较长时间的展示才能完全体现。园林项目施工的结束并不意味着作品的完成，需要经过漫长的时间才能充分展现其设计效果。

7. 园林景观工程的体验性

园林景观工程的特点在于其符合时代的需求，迎合人类心理美感的期望。特别是在信息时代背景下，人本主义理念席卷全球，为了迎合时代潮流，园林设计界提出了园林景观工程应展现体验性，这是以人为本的最直接的体现。人的体验是一种特殊的心理过程，本质上是使人们沉浸在园林创作之中，透过体验，获得全面的心理感知，从而获得愉悦、舒适、愉快等精神享受。园林景观工程创造了可以唤起心理感受的场所，因此对园林工作者提出了很高的要求，需要确保园林中的各个元素都达到完美无缺的标准，以满足人们对美学的追求。

8. 园林景观工程的生态性和可持续性

园林景观工程与保护环境、促进生态平衡息息相关。在园林景观工程中应用生态学原理来指导建设工作是一种全新的观念，要求我们在设计和施工过程中都要遵循生态环境学的理论和规范，以确保建成后的各种园林要素不会对环境造成任何不良影响。同时，它还应该体现出一定的生态景观，反映出可持续发展的理念。在进行植物种植、地形处理、景观创作等活动时，必须以生态学为基础，以打造更符合时代潮流的园林景观工程为目标。

9. 园林景观工程的时代性

园林形式在不同历史时期呈现出多样化的面貌，特别是园林建筑的设计与当时的工程技术水平相得益彰。随着社会的发展和人们生活水平的提高，人们对于环境质量提出了更高的要求，园林建设在城市中呈现出多元化的趋势，工程规模和内容也变得越来越丰富，各种新技术和新材料已经深入园林景观工程的各个领域，如大型音乐喷泉，它将光、电、机、声完美融合。现代园林设计已经不再拘泥于简单地追求"造景"功能，而是更加注重其艺术性，使之成为集文化、艺术、科学于一身的综合载体。随着时间的推移，仿古建筑中的钢筋混凝土结构逐渐取代了传统的木结构园林建筑。

10. 园林景观工程的协作性

在园林景观工程建设的设计过程中，常常需要建筑、水电、内部装饰等领域的设计师协同合作，以达到最佳的设计效果；在建设过程中，常常需要多个部门、多个行业之间的协同合作，以确保项目的顺利进行。

（三）园林景观工程的内容

一个综合性的园林景观工程按其组成要素和实现的功能作用分解，通常由下面的部分和单元组成（表 1–1–1）。

表 1–1–1　园林景观工程的内容组成

部分名称	单元名称	单元主要内容
园林绿化工程	土方工程	地形整理、地形塑造、栽植土
	水景工程	水工构筑，防水工程，驳岸，护坡，人工湿地、塘
	种植工程	常规栽植，植物造景，大树移植，草坪建植，花境花坛，地被种植，水生植物栽植，屋顶绿化
	假山、叠石工程	置石，假山，塑石，塑山
	园林地面工程（含步道、园路、广场）	板块地面，整体地面，混合地面，竹木地面，嵌草地坪
园林建筑物、构筑物、园林小品、温室、花房等	地基、基础工程	基础，支护，地基处理，桩基，混凝土基础，砌体基础
	主体结构工程	混凝土结构，砌体结构，钢、木，网架结构
	建筑给水、排水及采暖、通风、空调工程	室内给水，排水卫生器具安装，采暖系统，供热管网，锅炉及辅助设备安装，通风、空调系统
	地（楼）面工程、屋面	防水屋面，瓦屋面，隔热屋面，各种地（楼）面

部分名称	单元名称	单元主要内容
园林建筑物、构筑物工程、园林小品、温室、花房等	装饰工程	抹灰，门窗，吊顶，隔墙，幕墙，涂饰，细部
园林配套工程	给水工程、排水工程	室外给水、排水，管网，阀门，池、井
	浇灌工程	渠道灌溉，滴灌，喷灌，管道浇灌
	供电与照明工程	供电系统，电气照明安装，防雷及接地
	道路工程	主干、分支交通道路
	人性化设施工程	无障碍设施，减灾设施

二、园林景观工程施工概述

（一）园林景观工程施工的概念

园林景观工程同其他基础设施工程一样，由计划、设计和实施三个阶段构成。其中，园林景观工程施工是整个园林景观工程建设中最重要的一个环节，也是决定园林景观工程质量优劣的关键一步。现代园林景观工程的施工也被称为园林景观工程的施工组织，是指园林景观工程施工企业在获得某园林景观工程施工的权利后，按照工程计划、设计和建设单位的要求，结合施工企业的自身条件和以往建设经验，遵循规范的施工程序，运用先进的工程实施技术，借鉴国内外知名园林施工企业的管理手段，进行的一系列工作的总称，不管是获得施工权利后的准备工作，还是进入工程后所采取的各项施工措施，抑或是工程竣工后的验收，甚至是交付使用后的园林植物的后期修剪、养护管理等都属于现代园林景观工程施工的职责。传统园林景观工程施工指的是单一的园林景观工程的现场施工，现在则发展为一个阶段，涵盖了所有活动。

（二）园林景观工程施工的作用

随着社会的不断进步、科技的日新月异和经济的蓬勃发展，人们对于园林艺术品的品质要求也不断提高。而园林景观工程建设则是实现这一目标不可或缺的手段。园林景观工程建设的实现主要依赖于新建、扩建、改建和重建一系列工程项目，特别是新建和扩建工程项目，以及与其相关的工作。园林景观工程建设施工是园林景观工程建设中不可或缺的一环，其作用可以概括如下：

①园林景观工程建设施工是实现园林景观工程建设规划和设计的必要活动，对于完成规划和设计的落地实施具有基础性保障作用。任何完美的园林景观工程项目构想，即便再具有艺术特征、令人耳目一新的先进园林景观工程设计，如果没有现代园林景观工程施工企业的科学实施，都只会是一纸空文，永远无法实现。

②园林景观工程建设施工为园林景观工程施工建设水平不断提升提供了实践基础。所有理论都源自实践，尤其是生产活动实践，园林景观工程建设理论的发展只能依靠工程建设实施的实践过程。随着新思想、新技术的不断涌现，园林景观工程建设实践过程中出现了众多前所未见的新问题、新挑战。基于此，园林景观工程施工人员不断开发智慧，解决施工中出现的问题，从而推动了园林景观工程建设施工理论、技术的不断提升。

③园林景观工程建设施工是提高园林艺术水平和创造园林艺术精品的主要途径。纵观园林艺术史可以发现，园林艺术的发展水平与园林景观工程建设息息相关，园林艺术萌芽、发展和提高的过程，实则是园林景观不断推陈出新、提高工程水平的过程。只有将历代园林艺术大师的卓越施工技艺和独具匠心的手工工艺与现代科技和管理手段相融合，才能创造出符合时代要求的现代园林艺术杰作。只有通过实践，才能推动园林艺术不断进步。

④园林景观工程施工是培养现代园林景观工程建设施工队伍的基础。为了满足园林景观工程建设施工队伍发展的需求以及适应经济全球化的趋势，我国需要培养一支现代化的园林景观工程建设施工队伍，以便在国内外都能有更广泛的发展和合作机会。

当前，我国园林景观工程建设施工队伍存在专业人才匮乏、施工人员综合素质薄弱等方面的问题。要改变这种情况，需要通过园林景观工程建设实践活动锻炼人才，包括理论人才和施工队伍的培养。这是基础性的活动，不可或缺。只有通过这一基础性的锤炼，我们才能够培养具备想象和实践能力的人才和团队，从而创作出更多的优秀园林景观工程和艺术品；只有经过长期的努力，不断地积累经验，才能使园林景观工程建设施工实践逐步走向规范化和科学化；只有通过积极拓展国际市场，借鉴国外园林景观工程建设实践，才能培养出适应各国园林要求的园林景观工程建设施工队伍。

（三）园林景观工程施工的任务

一般基本建设任务按以下步骤完成：

①编制建设项目建议书。

②从经济和技术两方面着手，对园林景观工程建设进行深入研究，以确定其是否具有可行性。

③落实年度基本建设计划。

④根据设计任务书进行设计。

⑤勘察设计并编制概（预）算。

⑥面向全社会进行施工招标，选择符合要求的施工企业为中标企业，中标施工企业进行施工。

⑦生产试运行。

⑧竣工验收，交付使用。

（四）园林景观工程施工的特点

园林景观工程建设是一项独具特色的工程建设，不仅需要满足一般工程建设的功能需求，同时也必须考虑园林的造景要求。这种工程建设将自然与人为的景观元素有机地结合起来，形成一个和谐的整体。园林景观工程建设的特殊要求使得园林景观工程施工具有独特的特点。

1. 园林景观工程施工现场复杂多样

基于园林景观工程施工现场的多样性和复杂性，使得园林景观工程施工的前期准备工作比一般工程更加烦琐复杂。

我国古人很早就意识到园林建设与周围的自然环境有着密不可分的关系，如享誉中外的苏州园林建立于风景优美的江南小镇，与周围小桥流水、青砖白瓦遥相呼应，宛若一幅天然的山水画卷。当代许多园林景观工程继承了前人的建园传统，多选择具有特色的城镇或者风景怡人的山水之间，这就为风格多样的园林景观工程建设提供了便利条件。与之相对应的是，地质环境复杂多变，使得园林景观工程施工难度更大，对施工要求也更高。因此，在进行施工时，需要特别关注工程场地的科学布置，尽量缩小工程用地范围并减少施工对周围居民生产生活的影响。为确保各项施工手段的有效运用，必须进行充分的前期准备工作。

2. 施工工艺要求标准高

由于园林景观工程融合了植物布景和建筑艺术的元素，因此对施工工艺要求非常严格，必须达到高标准。园林景观工程的价值不仅在于满足一般使用需求，更在于其能够满足景观设计的多重要求。要建设既能够供人游览、观赏和娱乐，又能够改善人们的生活环境及生态环境，成为具有精神文化价值的优秀园林工程，就需要采用先进的施工技术。由于园林景观工程施工受多种因素制约，在整个施工过程中都可能发生一些人为或自然事故。因此，在园林景观工程的施工过程中，需要采用更为复杂和严格的工艺，以满足高标准的施工要求。

3. 园林景观工程的施工技术的复杂性

由于园林景观工程，特别是仿古园林建筑工程所具有的复杂性，对施工管理和技术人员的施工技能提出了较高要求。园林景观工程作为一项艺术珍品，其施工人员不仅需要具备一般工程施工的技术水平，还需要具备高水平的艺术修养，并将其贯彻到实际施工过程中。在进行园林景观工程施工时，重点应是植物造景，因此施工人员需要深入了解大量树木、花卉、草坪的相关知识和施工技术。高超的施工技术是确保园林景观工程建设质量的前提和基础，如果施工人员的施工技术无法满足园林景观工程施工的要求，园林景观工程就难以达到预期效果。

4. 园林景观工程施工的专业性强

园林景观工程包含的内容种类繁多，但是，每种工程都要求施工人员具备极高的专业性。园林景观工程中的亭、榭、廊等建筑较为复杂，需要施工人员具有高度专业化的技能。在现代园林景观工程中，各类点缀小品的建筑施工所需的专业技能和要求各不相同，因此需要根据不同专业要求进行个性化施工。即使是人们司空见惯的假山、水景、园路、栽植播种等领域，也都需要施工人员具有高度专业化的技能和知识。这意味着要想确保园林景观工程施工质量和效率的最大化，施工管理和技术人员必须具备特定的专业知识和专门的施工技艺。

5. 园林景观工程的大规模化和综合性

随着社会经济的蓬勃发展，现代园林景观工程日益朝着大规模化的方向发展，集园林绿化、社会、生态、游览于一体的综合性建设目标趋势越发凸显。园林景观工程的建设施工过程涉及多种工程类别和工种技术，需要不同的施工单位和不同工种的技术人员相互协作，以完成同一工程项目的施工生产。由于不同单位和工种之间存在差异，施工协作存在一定难度。因此，为了确保园林景观工程施工工作的顺利进行，园林景观工程的施工人员必须满足以下两个条件：首先，他们必须具备高超的施工技术，对于自己工作职责范围内的所有工序都了如指掌；其次，他们还需要具备较高的综合素质，特别是良好的沟通能力和高度的协作精神。园林景观工程是一项系统性的施工，如果一个环节出现问题，那么整个项目都会受到严重影响，因此，为了确保工程的高质量和安全性，每个工种在施工过程中都必须遵守严格的工序要求，同时还要采取科学的管理手段对施工人员进行监督和制约。

（五）园林景观工程施工的程序

1. 园林景观工程建设的程序

园林景观工程建设在城镇基础设施建设中扮演着至关重要的角色，因此也应被纳入城镇基础设施建设的范畴，并按照基本建设程序进行。基本建设程序是指在完成某个建设项目时必须遵循的固定步骤和顺序。一般建设工程的基本建设程序是：

①由地质方面的人员勘探该地的地形地貌，以确定该地的地质条件是否适合建设某项工程。

②由规划部门结合本地区的发展战略，规划建设某项工程。

③由设计人员根据要求设计该工程。

④由施工人员根据设计要求进行施工。

⑤工程竣工后由相关部门进行验收，验收合格后交付建设单位使用。

园林景观工程建设程序的要点是：

①对拟建项目进行深入研究，以确定该项目是否具有可行性；

②编写设计项目任务书；

③结合本地区经济状况和发展战略，明确建设地点和规模；

④进行技术设计工作；

⑤提交基本建设计划，包括施工图纸、预算文件等；

⑥确定工程施工企业；

⑦进行施工前的准备工作；

⑧组织工程施工，并在工程竣工后进行竣工验收等相关工作。园林景观工程项目建设程序，如图 1-1-1 所示。

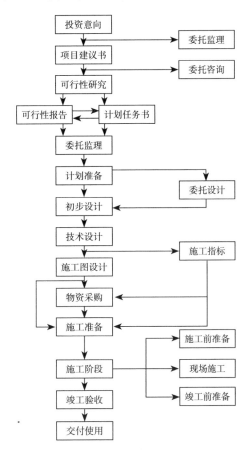

图 1-1-1 园林景观工程项目建设程序

园林景观工程建设项目的生产过程大致可以划分为 4 个阶段，即项目计划立项报批阶段、组织计划及设计阶段、工程建设实施阶段和工程竣工验收阶段。

（1）项目计划立项报批阶段

本阶段又称工程项目建设前的准备阶段，也有称立项计划阶段。这是一项重要的准备工作，它是指建设单位对拟建项目进行深入而广泛的研究，在勘察该地的地形地貌，调查了解居民需求的基础上论证该项目的可行性，并作出决策，初步确定建设地点和规模，组织专业机构和人员开展论证、研究咨询等工作，写出项目可行性报告，编制出项目建设计划任务书，提交主管部门进行论证审核，最终送至建设所在地的计划和建设部门批准，并将其纳入正式的年度建设计划中。这是整个建设项目从酝酿到建成交付使用全过程中最基本、最关键的一个环节，是项目能否顺利实施、实现预期目的的重要环节。工程项目计划任务书是工程项目建设的前提和重要指导性文件。工程项目计划任务书要明确的主要内容包括：工程建设单位、工程建设性质、工程建设类别、工程建设单位负责人、工程建设地点、工程建设完成期限、效益评估、生态建设、道路交通等方面问题的解决计划等。

（2）组织计划及设计阶段

工程设计文件在园林景观工程建设中起着不可估量的作用，不仅是组织工程建设施工的基础，也是具体工作的指导性文件。具体而言，园林景观工程建设组织和设计部门将根据已获批准的计划任务书内容，展开必要的组织和设计工作。目前，我国园林工程建设的组织和设计多采用多段设计制度：一是对于拟建的工程项目，进行详尽的勘察和初步设计，以此为基础编制出设计概算；二是在此基础上，再进行施工图设计。需要注意的是，在进行施工图设计时，必须严格遵守计划任务书和初步设计中已确定的工程建设性质、规模和概算等，不得进行随意更改。

（3）工程建设实施阶段

设计人员按照建设单位要求设计好图纸，并经审核同意后，预示着设计工作的圆满完成。建设单位通过公开招标的方式选拔符合要求的施工企业。为了确保施工的顺利实施，施工单位需要在施工前对施工现场进行深入调查，掌握人力、物资、交通等施工资源状况，根据建设单位提供的相关资料和设计图纸，做好施工前的准备工作，如结合本企业的施工经验，编制施工预算和施工方案。在施工的过程中，施工单位要严格按照施工图纸的要求，遵守施工合同，安排专业技能高超且经验丰富的施工技术人员，认真做好施工现场的组织管理工作，加强施工安全管理，消除安全隐患，加强工程质量控制，确保工程进度，提高工程建设的综合效益。

（4）工程竣工验收阶段

工程竣工验收是全面考核建设工作，检查是否符合设计要求和工程质量的重要环节。为了确保建设单位尽早投入使用，一旦园林景观工程建设完工后，应立即组织建设部分、监理部门等对该工程项目进行验收。因此，做好园林景观工程竣工验收前的各项准备工作是非常重要的。在工程实施后期，需要进行竣工验收的准备工作，如可以组织有关人员对已经完工的工程项目进行内部自检，当发现某些项目不符合设计规范时要及时予以修正，以确保达到设计和合同的要求。在工程竣工后，应立即上报城建、园林等有关部门，按照设计要求和工程施工技术验收规范进行正式的竣工验收，及时纠正、补充竣工验收中提出的问题，以便办理竣工交工和交付使用等手续。

2. 园林景观工程施工的程序

园林景观工程施工程序是指在进入工程实施阶段后，按照园林景观工程建设的程序，遵循特定的顺序进行施工。在施工管理中，施工程序扮演着至关重要的角色，是施工不可或缺的基石。在园林景观工程的施工过程中，按照施工程序进行施工有着如下意义：首先，有助于提高施工速度；其次，有助于保证施工质量；再次，有助于消除安全隐患，避免安全事故的发生；最后，有助于降低施工成本。通常，园林景观工程的施工程序可以分为施工前的准备阶段和现场施工阶段两大部分。

（1）施工前准备阶段

为了确保施工质量和安全，在进行园林景观工程的各项工序和工种施工之前，需要先进行一段时间的准备工作。在施工准备期，施工人员需要完成以下任务：深入理解设计师的创作意图，全面掌握工程的特点，了解施工质量要求，熟练掌握施工现场的情况，科学、合理地安排施工人员，以确保现场各项施工任务的顺利完成。一般而言，施工前的准备工作包括技术准备、生产准备、现场施工准备和文明施工准备等四个方面。

①技术准备。A.施工人员要认真读会施工图，体会设计意图并要基本了解。B.对施工现场状况进行踏查，结合施工现场平面图要对施工工地的现状完全掌握。C.学习掌握施工组织设计内容，了解建设双方技术交底和预算会审的核心内容，领会工地的施工规范、安全措施、岗位职责、和管理条例等。D.熟练掌握本工种施工中的技术要点和技术改进方向。

②生产准备。A.施工中所需的各种材料、构配件、施工机具等要按计划组织

到位，并要做好验收、入库登记等工作。B.组织施工机械进场，并进行安装调试工作，制定各类工程建设过程中所需的各类物资供应计划，如苗木供应计划、山石材料的选定和供应计划等。C.根据工程规模、技术要求和施工期限等，合理组织施工队伍，选定劳动定额，落实岗位责任，建立劳动组织。D.做好劳动力调配计划和安排工作，特别是在采用平行施工、交叉施工或季节性较强的集中性施工期时，更应重视劳务的配备计划，避免发生窝工浪费和因缺少必要的工人而耽误工期的现象。

③做好施工现场的准备。做好施工现场是施工的集中空间，合适、科学的布置和有序的施工现场是保证施工顺利进行的重要条件，应给以足够的重视。其基本工作一般包括以下内容：A.界定施工范围，进行必要的管线改道，保护名木古树等。B.进行施工现场工程测量，设置工程的平面控制点和高程控制点。C.做好施工现场的"四通一平"（水通、路通、电通、信息通和场地平整）工作，施工用临时道路选线应以不妨碍工程施工为标准，结合设计园路、地质状况及运输荷载等因素综合确定；施工现场的给水排水、电力等应能满足工程施工的需要；做好季节性施工的准备；场地平整时要与原设计图的土方平衡相结合，以减少工程浪费，并要做好拆除清理地上、地下障碍物和建设用材料堆放点的设置安排等工作。D.搭设临时设施，主要包括工程施工用的仓库、办公室、宿舍、食堂及必要的附属设施，如临时抽水泵站、混凝土搅拌站、特殊材料堆放地等。工程临时用地管线要铺设好。在修建临时设施时应遵循节约够用、方便施工的原则。

④做好文明施工的准备工作。

（2）现场施工阶段

当所有的前期准备工作都已完成，施工单位进入现场组织人员按照计划开展施工，即进入现场施工阶段。园林景观工程包含多种类型，需要涉及多种工程种类，并且每一个工种都有着不同的专业要求。在施工过程中，应注意以下几点：

①以施工组织设计和施工图纸为准绳，严格按照施工设计规范组织人员进行施工，如果在施工过程中，发现某些设计内容与施工现场有较大差距，不得随意变更。如果确实需要修改设计图纸，则必须经过建设单位、设计单位、监理单位等共同研究讨论，并以正式的施工文件的形式进行决策，方可进行变更。

②确保各工种的施工规程得到严格执行，以确保各工种的技术措施得到切实

的贯彻。禁止随意更改，更不能混淆工种之间的施工。

③确保施工过程中每个工序的检查、验收和交接手续得以签字盖章，并将它们作为施工现场的原始资料精心保管，明确责任。

第二节　园林景观工程的施工管理概述

一、园林景观工程施工管理的概念

园林景观工程的施工管理是园林施工企业对施工项目进行的全方位管理，以确保园林景观工程质量、进度、安全等方面的协调，实现企业效益的最大化。换句话说，园林景观施工管理就是施工企业或其授权的项目经理部结合本企业或本项目部的特点，在施工现场通过采取科学有效的管理手段进行的系列综合性事务管理工作。如施工之前做好施工准备工作，在施工过程中建立健全管理体系，制定施工计划，安排施工人员，协调各部门之间的关系，以及竣工结算后的用后服务等。其主要内容有：建立施工项目管理组织、制定管理计划、按合同规定实施各项目标控制、对施工项目的生产要素进行优化配置。

在园林建设项目的整个周期中，施工环节所需的人力、物力、财力投入巨大，同时这也是园林景观工程管理中最具挑战性的一环。园林景观工程施工管理的终极目标是，遵循建设项目合同规定、技术图纸设计要求和企业施工方案，建造符合要求的园林，以合理优化劳动力资源分配，达成预期的环境效益、社会效益和经济效益。

二、园林景观工程施工管理的内容

园林施工管理是一项综合性的管理活动，其主要内容为：

（一）工程管理

在工程开工后，施工单位或其授权的项目经理部具有自主管理项目工程的权利。在工程管理中，工程速度是一项重要的指标，必须在确保经济施工和质量要求得到满足的前提下，寻求最优工期的可行性方案。为确保工程项目如期完成，必须制定科学合理的施工计划。

（二）质量管理

由于工程施工过程中存在着许多不确定因素，因此，必须对影响工程质量的诸要素进行科学的分析。为确保园林景观工程建设的质量，应确定施工现场作业的标准量，对这些数据进行测定和分析，并将其纳入图表中。同时，管理人员和技术人员必须准确掌握质量标准，并根据质量管理图进行全面的质量检查和生产管理。

（三）安全管理

为确保施工现场的安全，必须建立一套完备的安全管理体系，制定详尽的安全管理计划，以确保安全管理措施得到切实有效的实施。在实际工作中，应当加强现场施工人员和设备的安全检查，保证其作业环境处于良好状态，从而提高生产效率。为确保工人的安全，必须严格遵守各项工程的操作规范，并定期对工人进行安全教育，以提高他们的安全意识，从而预防任何安全事故的发生。

（四）成本管理

城市园林绿地建设工程作为一项公共事业，必须深刻认识到成本效益的重要性，并在实践中加强成本控制。只有把成本管理贯穿园林景观工程全过程，才能真正做到以最小的投入取得最大的效益。

（五）劳务管理

劳务管理应包括招聘合同手续、劳动伤害保险、支付工资能力、劳务人员的生活管理等。

三、园林景观工程施工管理的作用

伴随着社会经济的蓬勃发展、科学技术的日新月异，人们的生活水平不断提高，精神文化需求与日俱增，与之相对应的是对园林艺术品需求的日益增加。园林艺术品的形成离不开园林景观工程建设的支持，而园林工程施工组织与管理作为园林工程建设的重要组成部分，在园林工程建设中发挥着不可估量的作用，其作用可以概括如下：

①园林工程建设中，园林景观工程施工组织与管理是一个至关重要的环节。它对于园林景观工程建设的顺利实施起着决定性作用，是园林景观工程设计方案顺利实施的基础保障。如果没有现代园林工程科学施工管理的落实，不管是具有先进理念的园林景观工程项目计划，还是卓越的园林景观工程设计，都只会是空中楼阁。可以说，现代园林工程施工组织的科学实施是园林景观工程项目计划和设计目标得以实现的必要条件。

②现代园林工程建设施工队伍的培养和锻炼，离不开对园林景观工程施工组织与管理的精心规划和有效实施。无论是我国园林工程施工队伍自身发展的要求，还是为适应经济全球化，努力培养一支新型的能够走出国门、走向世界的现代园林工程建设施工队伍，都离不开园林景观工程施工的组织和管理。

第二章　土方与给排水工程施工技术

绝大多数园林景观工程的施工都是在土方工程的基础上进行的，所以本章作为园林工程施工的重要章节，主要介绍土方工程施工方案及技术、给排水工程施工方案及技术。通过本章的学习，能够了解土方工程和给排水工程。

第一节　土方工程施工方案及技术

实现园林用地的地形设计依赖于土方工程的施工。在园林地形设计中，对于用地的改造、利用或创造，如挖掘湖泊、堆石山和平整场地等，通常需要进行动土处理。一般来说，在园林建设中，土方工程是一项重大的工程项目，通常是建园的首要任务。其进度和质量对于后续工程的进行产生直接影响，与整个建设工程的进程息息相关。通常情况下，土方工程需要投入巨大的资金并承担大量的工程量，因此需要实施大规模的填土和挖掘工作，包括挖掘湖泊和筑造山丘，总共需要动用的土方量接近百万方，施工时间长达六七年，这表明土方工程对于城市建设和园林建设的成功具有至关重要的作用。

一、土方工程的种类

土方工程分为永久性和临时性两种，无论工程期限如何，都要满足足够的稳定性和密实度，以保证工程品质和形态设计与原始方案相符。

二、土方工程施工有关术语

（一）竣工坡度

竣工坡度是指所有景观开发工程结束后的最终坡度。它是在草坪、移植床、铺面等的上表面，一般在修坡平面图上用等高线和点高程标出。

（二）地基

地基下方覆盖着表土层和铺面(以及其他基础材料)。在进行地基回填时，填充物的顶面和开挖时所暴露出来的基坑底面都可以视为地基的一部分。夯实地基意味着需要通过加密处理来达到一定密度，而不干扰地基则表示对土地进行开挖或采取其他形式的改动。

（三）基层/底基层

填充的材料通常用在铺面下面。

（四）竣工楼面标高

一般情况下，用第一层结构的标高来表示，当然也可以用其他层标高来表示，结构类型决定了外部竣工坡度与竣工楼面标高之间的关系。

（五）开挖

开挖是指将土移走。拟建的等高线向上坡方向延伸，越过了所有的等高线。

（六）回填

预定的等高线朝向下坡方向延伸，并越过现有的等高线。在进行回填时，常常需要输入场地，这称为借土。

（七）压实

在控制条件下土的压实，特别是指一定的含水量。

（八）表层土

通常情况下，土的表层就是指最顶上的那一层，它的厚度可以从不到25mm到超过300mm。由于表层土富含有机质且容易分解，不适合作为建筑基础材料。

三、土方工程施工准备

（一）施工计划与安排

在进行土石方施工之前，先要参考园林总平面图、竖向设计图和地形图，在现场进行实地勘察，确认自然地形的真实情况。为了确保施工计划或施工组织设计的准确性，需要全面了解土壤和岩石的工程量，以及在施工过程中可能出现的困难和障碍，同时评估现有的地形和施工条件。

在充分了解现场情况的基础上，按照园林总平面工程的施工组织设计制定土石方工程的施工计划；需要对甲方要求的施工进度与施工质量进行综合分析和深入研究，制定出可行的施工措施和方案，以满足本工程的特殊要求。在开始施工后，应对土方施工的各个方面进行详细规划和安排，目的是确保施工过程有条不紊，推进顺利。

（二）清理场地

在建筑工地周围，任何可能阻碍工程进行或影响工程稳定的物体都必须被清除。

1. 场地树木及其他设施清理

对于土方工程中深度不超过50cm，或当填方高度较小的情况时，必须将现场及排水沟中的树木清除。对于直径超过50cm的大型树墩可以使用推土机铲除或爆破法清除，其他的必须采用人工挖掘。

2. 建筑物和地下构筑物的拆除

要根据建筑物和地下构筑物的结构特点、遵循建筑工程安全技术规范中的规定进行拆除。

3. 管线及其他异常物体

当在施工场地内发现有管线穿越或其他异常物体时，需与相关部门合作调研，在未确认之前不能施工，以避免发生危险或造成其他损失。

（三）定点放样

在清场后，需确定施工范围和挖土的标高，应使用测量仪器进行定点放线工作。这个步骤非常关键，它能确保施工符合设计要求，在测量时应尽可能精确。

1. 平整场地的放线

应使用经纬仪在地面上测量图纸中的方格，并在每个交叉点处插入固定桩木，按照图纸上的要求在边界处固定相应的桩木。桩木的侧面需要光滑，底部需要削尖，以便于打入土中。在桩的顶部标明桩号（编号）和施工标高（在施工图方格网中，挖土用"＋"号，填土用"－"号）。

2. 自然地形的放线

在挖湖堆山施工前，要先确定边界线。如果依据自然地形在地面上放线非常困难，特别是在没有永久性地面物的开阔地区。为解决这个问题，可以先在施工图上设置方格网，接着，找到设计地形等高线和方格网的交点，并一一标在地面上，并打上相应的桩。这样做可以保证施工的精确。在堆山时，土层会不断地升高，桩木有可能会被土埋没，因此，需要确保桩的长度大于每层填土的高度。

3. 山体放线

山体放线有两种方法。一种方法是一次性立桩，适用于较低山体，一般最高处不高于 5m，一般可用长竹竿做标高桩，在桩上把每层的标高定好，不同层可用不同颜色标志，以便识别。另一种方法就是分层放线，分层设置标高桩，这种方法适用于较高的山体。

4. 水体放线

水体放线与山体放线有很多相同之处，但由于水体的挖深一般相对较均匀，并且水池底部常年隐藏在水下，因此，在放线过程中可以稍加粗放。在水域中定点放置岸线和岸坡的位置非常重要，因为岸线和岸坡的位置对于水域的景观和整体稳定性都起着非常重要的作用。为了确保精准施工，可采用边坡样板边进行坡度的控制。

5. 沟渠放线

在开挖沟渠时，会出现木桩被移动或破坏的情况，这会对测量工作造成影响。因此，在工作中，常使用龙门板来代替木桩，龙门板需要按照沟渠纵坡的变化情况，间隔为 30~100m。应在龙门板上注明沟渠中心线的位置，以及沟口和沟底的宽度等细节。还需要设置一个坡度控制板来调节沟渠的纵向坡度。

（四）土石方调配

在制定土石方施工组织设计或施工计划时，需确认土石方调配比；在竖向设计规定的填方区域内，需要确认填入的土方从哪里取得。在挖湖过程中，所产生的土方通常会运往旁边或周围的地区进行堆填，例如用于填充低洼区域、道路施工等。每个填方点需要多少次运输？在开始施工之前，必须妥善处理这些问题。

一个土石方调配的基本准则是：尽可能使用附近的挖方土填方，以使土石方转运距离最短。

为了在施工中有效指导土石方的填筑工作，可依据竖向设计图绘制土石方调配图，以清晰明了地表达土石方的调配情况。如图 2-1-1 所示。

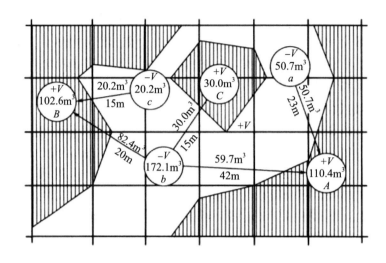

图 2-1-1　土石方调配图

（五）施工场地的排水

随着挖掘工程的进行，地面不断下降，当遇到雨水时，挖出的土坑就会被积水填满，从而阻碍施工的继续进行。当土壤被浸泡在水中后，会变得稀软，如果用这种土壤来填方，则很难压实，导致填土区的沉降不匀。这会给填方地面的使用带来不利影响。因此，在进行挖掘工作之前以及施工过程中，必须制定和实施有效的排水措施，以确保施工现场排水畅通。以下是几个可以选用的排水方案：

1. 地面自然坡度排水

利用地面的坡度排水，可以通过在挖掘过程中保持被挖出的地面呈倾斜状态实现。当下雨时，雨水可以立即从倾斜的地面流向最低的边缘区域，最后通过临时水沟将流下的雨水收集并排走。

2. 明沟排水

一般情况下，我们会采用在施工场地周围设置临时排水沟的方法来排除地面积水。这种方法可以确保场内排水通畅，同时防止场外的水流入。

当挖掘深度超过地下水位线时，地下水就会从周围流向挖土的地方。在这种情况下，必须格外留意排水。使用明沟排水方法可以更经济、更简单地排除地下水。

3. 井点排水

在特殊地形条件下，采用井点排水法则需要较高的投资成本。一种可行的排水方案是，在开挖土壤时，先在每层下方挖一条排水沟，以便收集地下水并将其排出。另一种排水方案是，在沟的底部安装一台抽水泵并定期抽水，可以加快排水速度，这种方法可以同时进行抽水和挖方施工，以确保施工顺利进行。

四、常规土方施工技术

土石方工程施工的范围涵盖挖掘、搬运、填充和压实四个方面。人力施工、半机械化和机械化施工都是可行的施工方案。根据现场情况、工程规模和当地施工环境的差异，应该确定最适宜的施工方案。在规模比较大的工程项目中，可以采用机械化施工方式。当工程规模较小，各施工点比较分散或因场地限制等原因无法采用机械化施工时，可以采用人工施工或半机械化施工方式。

（一）土石方的挖掘

在进行挖方施工时，应首先根据竖向设计图确定挖方区域的边缘线。将边界线附近挖土区域的桩位点放置到场地上，这些点位于坐标方格网的交汇处。接着，根据已经标定的地面固定点，将旁边的挖土区边界线投影到地面上。

当进行沟渠的挖方工程施工时，也要先确定带状挖方区的两条边线。确定边线用打桩放线方法，但在挖土施工中桩木容易受到破坏，给后面的地形校核工作带来困难。因此，放线桩最好用龙门桩。挖方边界线确定之后，先挖排水沟，再进行以下的挖方操作。

挖方工程的施工有人力挖方和机械挖方两种方式。

1. 人力挖方

使用人力挖方施工具有灵活多变、细致入微、适应多种复杂施工条件的优点，但其劣势在于施工效率不高、工期较长、施工安全性稍有不足。因此，这种方法通常在土石方工程的中小规模中使用。

锹、镐、钢钎、铁锤等是人力施工常用的工具。在进行岩石地面施工时，可能需要准备火药和雷管，以进行爆破作业。确保足够的人力资源并同时保障施工安全是人力施工的首要任务之一。

在进行土方施工时,需高度重视安全问题,并随时留意安全隐患并及时予以解决。确保每位工人都有足够的工作空间进行施工非常重要。通常,每个人所完成的施工活动面积应保持在 4~6m² 以上。同时需留意,进行挖掘的工人不能朝内侧凹进挖掘土方,以免导致土壁崩塌。在土坡顶端作业的工人需要不断留意坡下的状况。当坡下有人时,禁止将土块、石块或其他重物滚落坡下。当需要在 1.5m 以上的深度进行土槽挖掘时,应该采用木板、铁管架等支撑工具支撑土壁,以免出现坍塌的危险,从而保证施工人员的安全。

在土方施工中,通常不会向下垂直挖掘并深入地下,而是需要合理设置边坡,这样做可以根据土壤的密实程度和稀薄情况,以便确定合适的边坡倾角。如果要进行挖掘,对于松软的土地,需要以垂直向下的方式挖掘,最大深度不应超过 0.7m;对于中等密度的土壤,最大深度不应超过 1.25m;对于较硬的土地,最大深度不宜超过 2m。

在进行岩石地面的挖方施工时,通常需要先进行爆破作业,将地表岩石层爆成一些碎块,然后再进行挖掘作业。这样可以更加顺利地进行施工。当进行爆破施工时,必须预先钻好炮眼,并安装好炸药和雷管,在完成施工现场及周围地带的清理并确认爆破区域无人逗留之后,才能进行点火引爆。在进行爆破施工时,最重要的是确保工作人员的安全。

2. 机械挖方

使用挖方施工方式的主要优势在于提高了工作效率,加快了施工进度,同时也降低了施工成本。然而,一些较为临边、拐角和空间狭小的地方难以符合施工要求。因此,广场整平工程或大面积的挖湖工程通常更适合使用机械挖方方式。在边缘、转角和狭窄区域,需要结合人工进行地形整治。

施工人员应加深对施工现场放线情况的了解,并熟悉各个桩位和施工标高,以便更好地掌握土方施工的情况。施工现场必须明确标示施工现场安排的桩位和放线方案,建议将桩木加高,并在其上显著标示或涂上醒目的颜色。施工期间,推土机手和施工技术人员应保持良好的协作,随时使用测量仪器检查桩点并确认放线情况,以确保正确挖掘位置。

在挖湖工程中,必须确保施工坐标桩和标高桩不受损坏。由于湖水深度变化相对较小,挖湖的土方工程可以粗略进行,只需将湖床挖至预定标高,然后使湖床表面均匀平整即可。在需要非常精准的湖岸线和岸坡坡度的区域，为了确保施工精度，可以采用边坡样板来指导边坡坡度的施工。

在进行挖土工程时，需要注意保护现有地表土层。由于表土疏松肥沃，适合用于栽培园林植物。工程进行时，要将地面上50cm厚的表土层（也称为耕作层）进行挖方，需要使用推土机将施工区域的表层土壤推到施工场地外围进行储存。在地形整理完毕后，再将挖出的表土层推回到原来的位置进行铺设。这样可以确保施工区域的土壤不会受到破坏。

（二）土方运输

土方运输是一项辛苦的工作，一般情况下需要人工进行，通常只适合短距离小规模的运输。

对于需要运输距离较长的物品，最合适的运输方式是采用机械或半机械化运输。无论是搬运人员还是车辆，都需要按照合理的运输路线进行组织和安排，并明确土方卸载的地点。同时，施工人员应随时提供指导，防止工作中出现混乱或低效的情况。

（三）土方的填筑

为了达到工程所需的高品质，填土必须经过精心选择。应根据填方的要求，选择适合的土质，如在绿化带中，土壤须满足种植植物的要求，而在建筑用地上，则要考虑未来地基的稳定性。在使用外来土堆山时，必须进行土质测试来确认其质量。

①在进行大面积填方时，采用分层填筑，每层填充材料的厚度应控制在20～50cm之间。如果有条件，则应对每层填充材料进行压实处理。

②要在斜坡上填土，为了避免新填土滑落，需将土坡挖成阶梯状之后再进行填充，这样可以确保填土的稳定性。在进行土方工程时，应以设计的山头为中心，结合土方运输的方向，安排土方的运输路线和卸土点。

③可以采用辇土或挑土的方式堆建山体，通常建议采用环形线路，将车辆或行人满载上山，并沿路将土卸在道路两侧。空载的车辆或行人可以沿着同一路线继续下山前行，以避免回头或交叉穿行，从而避免交通拥堵。随着运土的进行，土山逐渐升高，运土路线也随之上升。这种做法不仅可以合理安排人员流动，还

可以使得土方逐层升起，部分土方在卸运中被压实，有助于山体的稳定，同时还可以使山体表面显得比较自然。

（四）土方的压实

人力夯压可用工具；机械碾压可用碾压机或用拖拉机带动的铁碾。小型的夯压机械有内燃夯、蛙式夯等。

为了保证土壤的压实质量，土壤应保持最佳含水率，见表 2-1-1。

表 2-1-1　各种土壤最佳含水率

土壤名称	最佳含水率	土壤名称	最佳含水率
粗砂	8%～10%	黏土质砂质黏土和黏土	20%～30%
细砂和黏质砂土	10%～15%	重黏土	30%～35%
砂质黏土	6%～22%		

如果土壤过于干燥，那么应该先用水喷湿土壤，然后再进行压实。以下是需要注意的几点：

①在压实工作进行时必须分层处理。

②在压实工作进行时，需要注意保持均匀的力度。

③在压实工作进行时，先用较轻的力量，再逐渐增加到较重的力量。

④从边缘开始逐渐向中心区域进行压实工作。如果土方边缘受到外力挤压，就容易导致坍塌。

由于土方工程施工面宽广、工程量大，因此施工组织工作非常重要。对于大规模的工程，需根据现有施工力量和条件来决定工程的实施方式。为了确保工程能够按计划、按期高效完成，建筑现场需要设置指挥和调度人员，并且每项工作都需要有专人负责。

五、放坡与填方施工技术

（一）放坡施工技术

在进行挖方和填方工程时，放坡施工是必不可少的，为了确保土坡的稳定性，土方施工必须采取必要措施来处理边坡的坡度，以防发生坍塌。在进行坡度修建时，土方的稳定性取决于土壤类型和土壤松散程度的不同。

在进行层次施工时，如果需要进行深部挖掘或高填筑，则必须考虑不同层次土壤的特性，以及土层所承受的压力是否会有所变化，此时需要针对不同压力情况设置具有不同倾斜度的边坡。随着层数的增加，边坡的坡度逐渐减缓。山坡越高，边坡就越陡峭。这种边坡处理方法可以很好地展现坡面的稳固性。

在竖向规划中，在对一定区域的用地采用台阶式整平方式时，可以考虑使用挡土墙或自然放坡来连接相邻的两层平台。

自然放坡的施工受到诸多因素的限制，因此，对于地形地貌的特征必须进行适当的调整，以便挖方和填方的边坡设计更为合理。

放坡的施工方法，如表 2-1-2、表 2-1-3、表 2-1-4 所示，这些方法都用于挖方工程。岩石边坡的高宽比受到石质类型、石质风化程度和坡面高度的影响，因此，其坡度允许值也会有所不同。

表 2-1-2　不同的土质自然放坡坡度允许值

图纸类别	密实度或黏性土状态	坡度允许值（高宽比）	
		坡高在 5m 以下	坡高 5～10m
碎石类土	密实	1：0.35～1：0.50	1：0.50～1：0.75
	中密实	1：0.50～1：0.75	1：0.75～1：1.00
	稍密实	1：0.75～1：1.00	1：1.00～1：1.25
老黏性土	坚硬	1：0.35～1：0.50	1：0.50～1：0.75
	硬塑	1：0.5～1：0.75	1：0.75～1：1.00
一般黏性土	坚硬	1：0.75～1：1.00	1：1.00～1：1.25
	硬塑	1：1.00～1：1.25	1：1.25～1：1.50

表 2-1-3　一般土壤自然放坡坡度允许值

序号	土壤类别	坡度允许值（高宽比）
1	黏土、亚黏土、亚砂土、砂土（不包括细砂、粉砂），深度不超过 3m	1：1.00～1：1.25
2	土质同点，深度 3～12m	1：1.25～1：1.50
3	干燥黄土，类黄土，深度不超过 5m	1：1.00～1：1.25

表 2-1-4　岩石边坡坡度允许值

岩石类别	风化程度	坡度允许值（高宽比）	
		坡高在 8m 以下	坡高 8～15m
硬质岩石	微风化	1：0.10～1：0.20	1：0.20～1：0.35
	中等风化	1：0.20～1：0.35	1：0.35～1：0.50
	强风化	1：0.35～1：0.50	1：0.50～1：0.75
软质岩石	强风化	1：0.35～1：0.50	1：0.50～1：0.75
	中等风化	1：0.50～1：0.75	1：0.75～1：1.00
	强风化	1：0.75～1：1.00	1：1.00～1：1.25

（二）填方施工技术

道路填方的质量优劣直接关系到该道路日后的使用情况。高度压实填方土壤，能够确保土壤沉降平衡、幅度较小，有助于填方地面稳定并有效地发挥其功能。土方填埋工程的施工原则之一是要满足填方强度和填方区地面稳定的要求。

1.一般土方的填埋

为了确保填方地面具备强度和稳定性，必须根据其功能和用途选择适合的土壤类型，同时采用简便、高效的建设方法进行施工。填土区作为建筑用地，必须满足填土牢固稳定的标准。填方区预计将用于绿化，因此在进行填土时，需要对底层进行筑实，而对于上层填土，可以让其自然沉降至稳定状态而不必进行筑实。在对宽阔场地进行整平填方时，需要特别关注填方区内土壤的均匀性和填方密度的一致性，以确保今后不会出现不均匀的沉降情况。

根据以上要求，填土步骤及方法如下：

（1）填埋顺序

填埋顺序对土石方施工质量有影响。应按照以下三个方面的要求进行：

①先施工石方，再施工土方。在进行土石混合填充或处理建筑废土时，若填方区域较深，建议先将石块、废渣或废弃粗粒土堆放在底层，然后用力压实以确保填充层稳固，最后将壤土或细土均匀地覆盖在上层并紧实。

②先铺设基础土层，再铺设表层土。当进行挖掘工作时，将原地面表土堆放在离挖掘区域一定距离的地方。首先，要把挖掘出来的土壤填到填方区的底部。其次，在完成填方区底部的土壤填充后，再将肥沃的表层土填回填方区做面层。

③先填最接近的填方区域，逐渐向远处填充。无论填多少处，都需要逐层填并填实。

（2）填埋方式

填埋方式是填土工程使用的一种方法，选择填埋方式会对施工质量产生影响。在这方面需要注意以下两点。

①对于普通的土石方填埋工程，应该采取分层填筑的方式来进行，逐层填压（图2-1-2）。当进行分层填筑时，要求较高质量的填方的每层填筑厚度不应超过30cm；而在一般质量要求的填方中，每层的填筑厚度可以在30～60cm之间。

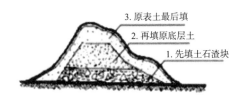

图 2-1-2　土方分层填实

②当填土自然斜坡时，需注意防止新填土因坡面倾斜而滑落。为了提高新填土方和斜坡的结合力，可以先把斜坡挖成层级状，之后再进行填土。如果在填土过程中逐层夯实，那么可以确保新填土的稳定性（图2-1-3）。

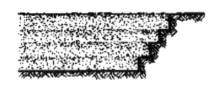

图 2-1-3　斜坡填土法

2. 土山的堆造

园林建设中的土山堆造也可以归类为填方工程。但是，土山的填方工程并不像其他填方工程那样容易，它需要施工技术人员进行严格的监督和管理。施工必须符合土山设计图的要求，施工技术人员要仔细检查工程的精确度。

（1）定点放线

在开始填土前，需要按照土山设计图在填土区域进行土山放线。这包括在地面上勾勒出填土区域的边界线或等高线，并在山顶的中心点、低洼处的中心线或等高线转折点等位置设置标高杆。同时，在填土区域边界线附近要安装坐标桩，并根据设计方格网图进行钉定，以控制填土高度和范围。

最好按照土山设计图上等高间距来确定标高杆上的刻度。在等高线间隔为0.5m的情况下，标高杆的每个刻度也是0.5m高。如果等高距为0.25m，那么刻度也应该以0.25m为单位。由于在堆山过程中土层不断增高，标高桩可能会被土埋没，产生掩埋情况，因此，每层填土的高度应小于桩的高度。如果土山高度不超过5m，则可以使用长竹竿作为高度标杆，并通过不同的颜色来区分不同的高度刻度。如果土山高度超过5m，则可以使用竹竿将标高杆延长以便增加其高度。

（2）堆造山体

在土山的建造过程中，需要进行分层堆积土块。首先，在土山底部的边界范围内，先加填一层土，并将其压实，以使该土层的厚度达到标高杆上的一个刻度高。其次，对土面进行轻微的整平处理，随后根据标高杆和坐标桩放置导线，用来在地面上勾勒出第二层的等高线。最后，将第二层土堆填并压实，直到达到标高杆上的第二个刻度。此后，应按照从低到高的顺序来放线和堆土，确保每个等高线都被顺次堆起，一直到山顶为止（图2-1-4）。

图2-1-4　土方的堆卸土路线

设计的山头标高桩应该是土方挑运路线和下卸位置移动的中心点，可以采取往返式的土方运输路线，即设计并行的两条路线，一条用于运土，另一条用于人和车辆空载返回。如果填土场地狭窄的话，则可以规划环形的单行车道，将土壤从车道两侧倾倒，逐渐拓宽填土面积，使人员和车辆不会相互穿插或倒车。

在进行堆土时，需注意控制堆土的边界。在山脚弯曲并凹陷的地方，应该保留空地，不进行填充。如果在山脚处设计了凸起的部分，那么就需要根据设计的要求将其填充凸出来。土堆到山顶时，由于作业面积逐渐减小，需要将土堆到多个山头上，以便分散工作人员。

（3）陡坡悬崖的堆造

园林土山的边坡如果全是符合土壤安息角限制的坡度，则土山形状常会显得十分平庸，山景效果较差。因此，在土山设计中，一般都会安排一些陡坡甚至悬崖，以增加巍峨的山势。但是，要用松散的土堆出很陡的边坡是不容易的，一般要采用比较特殊的方式才能做到。

在堆土做陡坡的方式上，可以采用袋装土垒砌的办法直接垒出陡坡，其坡度可以做到20%以上。装土的袋子可用麻袋、塑料编织袋或玻璃纤维布袋，以后者最结实，最不易腐烂，价格又最低。土袋不必装得太满，装土70%～80%即可，这样垒成的陡坡更稳定。土袋陡坡的后面要及时填土筑实，使山土和土袋陡坡结成整体，增强稳定性。陡坡垒成后，还要用湿土对坡面培土，掩盖土袋，使整个土山浑然一体。坡面上可栽种须根密集的灌木或培植山草，利用树根、草根将坡土坚固起来。

土山的悬崖部分用泥土堆不起来，一般要用假山石或块石浆砌作为挡土石壁，然后在石壁背面填土筑实，才能做出悬崖的崖面。除石壁背后的加固石条外，还有其他加固结构固定在石壁和山体之间，为了山壁结构的稳固，砌墙时不能整齐进行，应该让壁面呈现凹凸不平的自然山壁状。每砌筑1.2～1.5m高度的崖壁后，必须停工几天等待水泥凝固硬化，在石壁的背面填土筑实之后，才能继续进行崖壁的砌筑工作。

（4）山路的铺筑

土山基本堆造完成后，就要按照设计在山上铺筑山路。山路用自然石片铺成路面，在坡度较大处则做成山石磴道。山路不宜通直，宜蜿蜒曲折、自然起伏。山路铺筑方法已不属于堆山方法的范围，所以此处不详述。

3. 土方的压筑

在进行填方工程时，必须进行土方压实和筑紧的工序，需要实施分层填土和分层压实，使填土和压实两个步骤相结合。

土方压筑分为人工夯压和机械碾压两种方式。古人使用多种工具进行夯压，包括木夯、石硪、铁硪、滚筒、石碾等。完成夯土作业的方法通常是组成2人或

4 人小组，使用人工力量进行夯打，或者采用石碾、滚筒等切实物品对土层进行碾压。在填方区面积有限的情况下，这种压实方式更为合适。采用机器的力量让土地受到碾压和夯实，这就是机械碾压的方式。其所用机械有：碾压机、电动振夯机、拖拉机带动的铁碾等。面积较大的回填应采用机械碾压方式。

由于干燥的土壤颗粒密集且硬度高，具有极强的抗压能力，难以通过压缩而变得更加紧实。当土壤湿润时，它含有更多的水分，因此土壤会膨胀。填土在干燥过程中会失去水分，导致体积缩小并且密实度下降。因此，为了确保土壤密实度，充分压实土壤，填方时需控制土壤含水量，使其维持在最佳水平。

为了进一步增强夯实效果，在进行土方压实时还需注意以下几个方面：

①在进行土方压实时，从边缘慢慢向中心区域靠近。经过压实，能避免边缘土因为向外挤压而造成坍塌。

②要确保填方质量，必须按层次进行填筑，并使用碾压机对每层进行夯实。先进行碾压打夯，再分次填土，直至达到设计土面高度。

③需要保证填方区域内土壤的压实和夯实是均匀的。

④夯实松土时，应该先用轻的力度进行打夯动作，然后逐渐增加力度。

4. 土方工程的固土方法

由于园林工程堆土或挖土的需要，对于有坡度要求的新的工程场地，必须采取固土措施，以保证施工安全或今后场地的使用安全。

当按照竖向设计所做边坡的坡度大于土壤的自然安息角时，一般就要考虑对边坡进行防护处理，使之保持稳定。对于自然黏土、粉砂、细砂等松软土质的边坡和易于风化的岩石边坡，以及黄土、类黄土的平缓边坡，为防止风和水对边坡的侵蚀和冲刷，需要及时进行防护处理。一般的固土防护处理方法如下：

①在坡顶设置截水沟截水，避免地表径流直接冲刷坡面。

②砖石材料铺砌防护，即用砖石平铺坡面，浆砌为一层保护外壳，起到保护坡面不受破坏的作用。

③在坡度不是太陡的陡坡，用块石干砌铺在土坡表面，保护坡面。

④在场地边坡的下端，先用人工砌筑砖石或混凝土挡土墙，然后再堆土。

⑤打排桩（混凝土桩或木桩），对有可能引起滑坡的土坡，在坡的下端部位按照一定间距打入混凝土桩，以保护加固土坡，满足实际工程的要求。

⑥化学灌注处理，对山坡或场地很窄小的或特殊的工程，由于上述几种方法不能适用，则可以通过化学灌浆措施，使山坡或土体得到加固和稳定。此方法可以根据不同地形，采取不同方法，比较灵活。

除了以上所述固土护坡方法之外，根据施工场地的具体条件，还可以采用草皮护坡、水泥砂浆抹面固土、临时支撑固土等措施，来保护坡面，保证施工安全。

第二节 给排水工程施工方案及技术

一、园林给水工程施工

（一）园林给水管网的布置

1. 园林给水管网的布置原则

给水管网的布置要求供水投资节约，安全可靠，一般应遵循以下原则：

①干管应靠近主要供水点，保证足够的水量和水压。

②和其他管道按规定保持一定距离，注意管线的最小水平净距和垂直净距。

③为确保供水的安全可靠，干管需要沿主要道路布置，形成环形布局；但在铺装场地和公园路段下方，应尽量避免进行管道敷设。

④尽可能采用最短距离铺设管线，以降低成本。

⑤干管应优先考虑地形简单、施工容易的区域铺设，以减少土方工程量，并确保管线的安全不受损害。当地形高差较大时，可以选择分压供水或局部加压，这样做不仅可以节约能量，还能防止低处的管网承受过高的压力。

⑥将管道分段并设置阀门井和检修井，通常是在主管与支管、支管与次级管道相连接的位置设置阀门井，在管道转弯处和主管长度不超过 500 m 的位置设置检修井。

⑦为未来可能需要的支管留下接口。

⑧需要在管端井上设置放水装置。

⑨确认管道顶部土层厚度：当管道顶部有外部荷载时，顶部土层厚度不得少

于 0.7m；当不存在外部载荷和冰冻时，管道顶部的高度可以小于 0.7m。在寒冷的地区，为了防止给水管的冻结，需要将管道埋在地面下，深度应该达到冰冻线以下 20cm。

⑩消火栓的设置：在建筑群中不大于 120m；距建筑外墙不大于 5m，最小为 1.5m；距路缘石不大于 2m。

2. 园林给水管网的布置形式

（1）树枝状管网

树状管网由主干和分支组成，形似树枝，随着末梢的接近逐渐变细（图 2-2-1）。虽然这种布置方式管线短、投资省，但其供水可靠性较低。若管网局部发生故障或需检修，可能导致后续所有管道的供水中断。此外，如果管网末端用水减少，管道内的水流会减缓甚至停滞，形成"死水"，就将导致水质恶化。因而，树状管道网络对于用水需求不高、用水地点比较分散的情况而言是比较合适的。

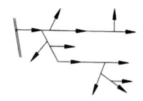

图 2-2-1　树枝状管网布置形式

（2）环状管网

环形管网的特点是主管和支管都呈环形布置（图 2-2-2），它的显著优点是供水安全可靠，因为管网中的所有管道都能互相供水，且水质不容易变坏。然而，与树状管网相比，环形管网的总管线长度较长，造价也更高。

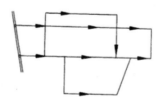

图 2-2-2　环状管网布置形式

在现实工程中，给水管网通常以混合管网形式的布置方式。在工程初期，可以考虑在需要保证连续性供水的地区和地段使用环状管网布置，而其他地区则采用树枝状管网。

3. 给水管材

水质受管材的影响，而管道的使用寿命则受管材抗压强度的制约。给水管道是一种地下永久性隐蔽工程设施，对其安全可靠性要求较高。以下是常见的几种给水管材料：

（1）铸铁管

铸铁管分为灰铸铁管和球墨铸铁管，灰铸铁管使用寿命长且耐腐蚀性强，但是，其质料比较脆，无法抵御振动和弯曲，且重量较大。虽然铸铁管曾经是较为常用的管道材料之一，在管道公称直径为 8～1000mm 的地方广泛应用，但却存在爆管等问题，不适应城市发展，已被球墨铸铁管替代。球墨铸铁管在抗压和抗震能力两方面有所增强。

（2）钢管

钢管分为两类：焊接钢管和无缝钢管。其中，焊接钢管有两种类型，镀锌钢管（又称白铁管）和非镀锌钢管（又称黑铁管）。钢管具备优异的机械强度，重量轻且长度可调，接口简单、易操作且具备良好的适应性。但它的耐腐蚀性有待提高，防腐造价高。镀锌钢管就是防腐处理后的钢管，防腐、防锈、水质不易变坏，使用寿命较长，是生活用水的室内主要给水管材。

（3）钢筋混凝土管

它具备很强的防腐能力，不需要添加防腐材料，还拥有优异的防渗和耐久性能。但是，由于管道重量比较重，质地比较软，在搬运、装卸管道时有一定的不便。由于自应力钢筋混凝土管会在后期发生膨胀，导致管道变得松散，因此不适合作为主要管道使用。预应力钢筋混凝土管在国内的大口径输水管中被广泛应用，能够承受相当程度的压力。但是，因为接口具有局限性，经常出现爆裂或漏水问题。为了解决这个问题，现在采用预应力钢筒混凝土管（PCCP 管），这种管道是由钢筒和预应力钢筋混凝土复合而成，具有优良的抗震性、长久的使用寿命，不容易被腐蚀和渗漏的特点，是一种非常适合输送大量水的管材。

（4）塑料管

塑料管具有表面光滑、不易结垢、水头损失小、耐腐蚀、重量轻、加工连接方便的特点，但强度较低，易产生脆性，抗外压和冲击性较差，通常适用于口径较小的管道，一般不超过DN（公称直径）200mm，并且不宜在车行道下安装。在国内，许多城市已广泛采用这种技术，尤其是绿地和农田的喷灌系统。

（5）其他管材

目前，玻璃钢管价格较为昂贵，并正在迅速发展壮大；相反，石棉水泥管易破碎，正在逐步被淘汰。

（6）管件

给水管的配件种类繁多，虽然根据不同的管材有所差异，但总体分类十分相似，主要包括接头、弯头、T形管、十字管，以及管塞和活性接头等。同一类别还有许多不同种类，如连接器可以分为内接、外接、内外接、同径或异径连接器等。

（7）阀门

在园林给水工程中，可以根据阀体结构形式和功能将常用的阀门分为截止阀、闸阀、蝶阀、球阀、电磁阀等多种类型。根据动力来源，阀门可分为手动、电动、液动和气动四种类型；并按照公称压力可分为高压、中压和低压三种等级。园林领域通常采用的是中低压手动阀门。

（二）园林给水管网设计

在达到最高用水量的情况下，需要确定每个管段的设计流量、管径和水头损失，并根据这些信息确定所需的水泵扬程或水塔高度。

1. 收集分析有关的图纸、资料

搜集公园设计蓝图，审查附近市政设施布局及其他水源状况。

2. 布置管网

在制定公园设计的平面图时，需要规划给水干管的位置和走向，并对节点进行编号，同时也需要测量节点间的距离。

3. 计算公园中各用水点的用水量（设计流量）

通过计算公园中每个用水点的用水量，可以确定每个管段的设计流量。

4. 确定各管段的管径

根据用水点的设计流量和管道的流量，同时考虑经济流速，运用铸铁管水力计算表，确定每段管道的直径。此外，设计人员还能够查询与该直径对应的流速和沿程上每单位长度的水头损失值。

5. 水头计算

公园给水干管所需水压可按下式计算：

$$H=H_1+H_2+H_3+H_4$$

式中：H——引水点处所需的总水压，mH_2O；

H₁——配水点与引水点之间的地面高程差，m；

H₂——配水点与建筑物进水管之间的高差，m；

H₃——配水点所需的工作水头，mH_2O；

H₄——沿程水头损失和局部水头损失之和，mH_2O。

在管网中，最具挑战性的位置是"计算配水点"。所谓最不利点，是指那些地势高且距离引水点较远，需用水量大或要求工作水头特别高的用水点。只要满足最不利点的水压要求，同一管网中的其他用水点也能满足水压要求。

6. 校核

如果自来水的自由水头高于用水点需要的总水压，那么这意味着管道设计合理，否则就需要对管网布局方案做出改变，或者调整供水压力。

7. 采用网格法进行管线定位

每根给水管都有数字和箭头标注其管径、坡度和流向，同时使用指引线清晰地标出管底标高，以便清晰易懂地展示。

（三）给水工程施工准备

1. 材料的选用

水管和管件的规格和品种必须符合设计要求，管件的内径、外径和承插口的形状也必须符合制定的标准，附有出厂时的合格证明。

镀锌碳素钢管和管件均匀地在内外镀上锌层，表面没有生锈现象，内壁没有任何突出物，管件没有偏移安装、错位安装、方向不正确安装、丝口不完整、角度不准等问题。

阀门完整无损，手轮完好无损，铸造工艺规范，开关顺畅紧密，并有经过出厂检验合格的证明。

地下闸阀、地下消火栓和水表的规格和种类必须符合设计要求，并附有出厂合格证。

通常情况下，在捻口水泥的制作过程中，常会选用硅酸盐水泥或膨胀水泥，且其标号不低于 42.5。出厂的水泥必须获得合格证。

其他材料包括石棉纤维、亚麻绳、铅锡合金、液态铅等。

2. 施工主要器具

机具：套丝机、砂轮锯、试压泵等。

工具：手锤、捻凿、钢锯、套丝扳等。

其他：水平尺、钢卷尺等。

3. 作业条件

管沟呈平直状，管沟的深度和宽度符合要求，阀门井和表井的垫层已经完成，消火栓的底座也已建好。

在管沟底部进行夯实处理，确保沟内没有任何障碍物。此外，还需要采取防止崩塌的措施。

禁止在管沟两侧堆放施工材料和其他物品。

（四）现场施工

在进行园林给水工程施工工艺时，需要进行以下步骤：安装准备→清扫管腔→管材、管件、阀门、消火栓等就位→管道连接→灰口养护→水压试验→管道冲洗。

1. 安装准备

需要检查施工图，确保管沟的坐标、深度、平直度、管底基础密实度符合要求。

2. 清扫管腔

除去管道内部的异物，并检查管道是否存在裂纹和小洞。在管道连接处，提前清除管道内部及插口外部的凸起物和杂物，如飞刺和铸砂，去除沥青漆，可以采用喷灯或气焊进行加热，再用钢丝刷清除残留的污垢。

3. 管材、管件、阀门、消火栓等就位

①将阀门和管件放置在规定的位置作为参考点。将铸铁管输送至管沟旁边，使其承口面朝着水流的方向。

②根据铸铁管长度确定管段工作坑位置，并在铺设管道之前预先挖出相应的工作坑。

③使用粗绳将已经清理过的铸铁管绕过沟底，除去承插口的杂物，接着安装

管路，将接口正确地定位。

④精确安装管件和阀门，阀杆应垂直朝上。

⑤把铸铁管固定好后，在管道两端附近加土并压实，然后用干净的麻绳把接口塞紧，避免泥土和杂物进入。

4.管道连接

（1）石棉水泥接口

在接口之前，需要进行打油麻的工作。具体操作步骤如下：将油麻拧成麻花状，粗度应比管口间隙大 1.5 倍，然后从接口下方开始逐渐向上方塞入麻股，同时用捻凿的方式将其打实，反弹出的捻凿标志着麻已经被充分打实，打实的麻深度应占承口深度的 1/3。接着进行铸铁管的插接。

在石棉水泥捻口制作中，可以采用 3～4 级石棉和不少于 32.5# 硅酸盐水泥。这种混合比例的水泥由 1 份水泥、3 份砂子和 7 份碎石混合而成。水的添加量应根据气温而定，当夏季气温较高时，适量添加水。

捻口操作：将预先混合好的灰料从底部向顶部塞入已经涂上油麻的接口中，直到填满为止，然后逐层将填充物压实，并重复此过程直到实心为止。如果灰色的表面看起来光滑，而凹入的区域深浅一致且有弹性，即可确定打灰已完成。完成接口调试后，需要再进行至少 48 小时的维护。

（2）胶圈接口

检查胶圈的外观是否均匀，无气泡，无缺陷表现。

根据插口的深度，需要在插口管的端部标记出与承插口相匹配的对口间隙，其最小距离为 3mm。把胶圈插入承口胶圈槽中，在胶圈内面和插口涂上肥皂水。把管子轻轻找平找正，用适当的工具慢慢将铸铁管插入承口直至印记处即可。

在管道连接的地方，使用石棉水泥接口来连接管材和管件。

5.灰口养护

接口完毕，应用湿泥或草袋将接口处周围覆盖好，并用松土埋好后进行养护。天气炎热时，还应盖上湿草袋并勤浇水，防止热胀冷缩损坏接口，气温在 5℃ 以下时要注意防冻。接口一般养护 3～5 天。

6.水压试验

应对已安装好的管道进行水压试验，并严格按照设计要求和施工规范规定确定试验压力值。

7. 管道冲洗

在进行管道安装的验收之前，需先进行管道冲洗，以确保水质符合规定的洁净标准。确保相关单位进行验收，并记录好管道冲洗验收情况。

（五）给水工程竣工验收质量标准与检验方法

1. 给水管道安装主控项目验收

当进行给水管道的埋地敷设时，需要将其放置在当地的冰冻线以下。如果必须将其敷设在冰冻线以上，则需要采取有效的保温和防潮措施。如果无冰冻地面，地下管道铺设时，则管道顶部的土层覆盖深度应不少于500mm；穿越道路的地方，管道埋深应不少于700mm。

检验方法：进行眼观实物检查。

不能让供水管道经过与污水井、化粪池等污染源相交叉的地方。检验方法：检查和视察。

在检查井或地沟内安装管道接口的法兰、卡扣、卡箍等，避免将其埋在土壤中。

检验方法：进行观察检测。

在给水系统中的井室内进行管道安装，并无特定的要求时，在管径小于或等于450mm的情况下，其管道距离井壁上的法兰或承口的距离不能小于250mm。当管径超过450mm时，该距离必须保持在350mm以上。

检验方法：使用尺子进行检查。

进行水压试验时，必须将管网的压力增加到原工作压力的1.5倍，并确保试验压力不低于0.6MPa。对于钢管和铸铁管进行的检验方法是，在试验压力下10分钟内，压力降低应小于0.05MPa，然后将压力调整到工作压力进行检查，确保压力稳定，无渗漏和泄露。当使用塑料管作为管材时，在试验压力下稳定保压1小时后，压力降低的量应该小于0.05MPa。接着将压力降至工作压力进行检查，此时压力应该保持稳定，而且不能出现渗漏的情况。

检验方法：观察和通过切开防腐层来检查。

给水管道完工后，必须对其进行冲刷处理，而在对饮用水管道进行冲刷后，还需进行消毒工作，以满足相关卫生标准。

检验方法：检查冲洗水的清澈程度，与有关部门提供的检验报告进行核对。

2.给水管道安装一般项目验收

管道的高低程、位置、倾斜度需要遵循设计规范，允许误差必须符合相应的规定。涂在管道和金属支架上的涂料需要紧密附着。

检验方法：直接观察。

遵循工艺规范，确保管道连接正确无误，在安装水表、阀门等设备时应确保位置准确。在塑料给水管道上，水表、阀门等设备的重量或装置的扭矩不能直接作用于管道上。如果管道的直径 ≥ 50mm，则必须安装独立的支撑装置。

检验方法：观察现场实地检查。

如果给水管径 ≤ 200mm，并且给水管道与污水管道在不同标高平行敷设，且它们之间的垂直距离 ≤ 500mm，则给水管管壁之间的水平间距不能少于 1.5m。直径超过 200mm 的管道，最小长度不可少于 3m。

检验方法：视察和测量检验。

铸铁管的承插捻口连接需保证对缝的间隙不少于 3mm，同时也不能大于（表 2-2-1）中规定的最大间隙。

表 2-2-1　铸铁管承插捻口的对口最大间隙

管径（mm）	沿直线敷设（mm）	沿曲线敷设（mm）
75	4	5
100～250	5	7～13
300～500	6	14～22

检验方法：尺量检查。

铸铁管在铺设过程中可以按直线方式铺设，也可以按照曲线方式铺设，并且每个接口可以进行最多 2° 的转角。

检验方法：尺量检查。

为了保证捻口效果，需要清洁处理油麻填料，在填充后紧密捻实。填充深度应为环型间隙深度的三分之一。

检验方法：观察和测量

捻接时所使用的水泥应具有达到 32.5MPa 强度的能力，而接口部分所使用的水泥应该是紧密且充满的，其接触面凹陷深度不得超过 2mm。

检验方法：使用观察和测量检查。

当给水铸铁管采用水泥搓捻连接时，如果安装地点存在有侵蚀性的地下水，为了预防腐蚀，建议在接口处施涂沥青防腐层。

检验方法：采用观察检查。

为了防止给水管道采用的橡胶圈接口在土壤或地下水有腐蚀的地段，需在回填土之前使用沥青胶泥、沥青麻丝等材料来封闭橡胶圈接口。在橡胶圈接口的管道中，每个接口的最大偏转角必须符合（表2-2-2）中规定的限制。

表 2-2-2　橡胶圈接口最大允许偏转角

公称直径（mm）	100	125	150	200	250	300	350	400
允许偏转角度（°）	50	50	0	50	40	40	40	30

检验方法：观察和尺量检查。

（六）成品保护

在搬运给水铸铁管道、管件、阀门及消火栓时，应避免发生碰撞损坏。

确保消火栓井及水表井得到及时修建，以确保安装的管件不会受到损坏。

为防止外部压力导致地下管道变形破裂，应在试水后及时排水并采取措施防止冻结。在铁路和公路基础上穿过4D管道时，需要安装套管。

在回填地下管道时，为了避免管道受到位移或损害，应该先用人工在管道周围填土夯实。同时，应该在管道的两侧同时进行填土，直到管道顶部高度达到0.5m以上。待管道稳定后，可以使用蛙式打夯机夯实土壤，但必须注意不要对管道造成任何损害。

在安装管道时，接口处应该进行临时封堵，直到管道的捻口安装到位，以防止污物进入管道。

（七）应注意的质量问题

如果地下管道破裂，可能是由于管道基础处理不当，或填土时没有夯实。

阀门井不够深，导致地下消火栓的顶部出水口到井盖底部的距离不足400mm。由于埋地管道的坐标和标高不精确，所以出现了这个问题。

尽管管道已经进行了多次冲洗，但水质仍未能达到预期的设计要求和施工规范的要求。

水泥接缝出现渗漏是由于水泥品质不符合要求、已经过期、接合处没有得到充分的维护、捏合动作不够仔细或没有充分捏实等所致。

二、园林排水工程施工

（一）园林绿地排水系统

1. 园林排水概述

（1）污水的分类

①生活污水。林中的污水主要是由餐厅、茶室、小卖部、厕所、宿舍等地排放产生的。这些污水中含有较高量的有机污染物，在排放到园林水体之前需要经过除油池、沉淀池、化粪池等多项处理措施以达到排放标准。此外，清洁卫生过程中所产生的废水也可被归类于这一类别。

②生产废水。水漏在盆栽植物或小型水景池中是园林生产中的废水。游乐设施的水体往往不是很宽广，如果长时间积水，水质就会变差。因此，为了保证水质，需要定期更换水源。例如，游泳池、水上游乐设施、冲浪池、碰碰船池和航模池等，会经常排出废水。

③降水。园林排水系统需要完成雨水和融化的冰雪水的收集、输送和排放任务。这些自然降水在触及地面之前和之后，可能会受到空气污染物和地面沉积物的污染，但是，其污染程度较低，通常可以直接排放到园林水体中，如湖泊、池塘和河流。

（2）排水工程系统的组成

①生活污水排水系统。这种排水系统的作用在于将园林生活污水排出，包括室内和室外部分，具体如下：

A. 包括但不局限于厨房洗涤槽、下水管道和房屋卫生设施等室内排放污水设施。

B. 除去存放油、粪便和污水的容器和汇集管道。

C. 由污水干管和支管构成的管网。

D. 管道系统的配套建筑物，如检查井、联通井、跌水井等。

E. 污水处理站，包括污水泵房、澄清池、过滤池、消毒池和清水池等。

F. 排水口，是污水管道系统的最终出口。

②雨水排水系统。园林内的排水系统不仅用于排除雨水，还需要处理园内的生产废水和游乐废水。其组成要素包括但不限于以下几点：

A. 汇水的斜坡区域、浅水沟、屋顶、排水系统（包括天沟、雨水斗、竖管和排水口）及散水设施。

B. 排水系统，包括明渠、暗渠、截水渠和排涝渠。

C. 雨水的收集设施包括雨水口、雨水井，以及与之相连的排水管网和出水口。

D. 在重力排水困难的情况下，可以考虑安装雨水排水泵站来解决问题。

③排水工程系统的体制。排水体制是收集、输送和排放园林中产生的生活污水、生产废水、游乐废水和天然降水的基础设施系统。排水系统可以分为分流制和合流制两种体制。

2. 园林排水的特点

①主要去除的是雨水和微量的生活污水。

②在园林中，地形的起伏变化能够促进地面水排放。

③园林通常会布置水体，方便雨水直接流入其中。

④许多植物能够吸收部分雨水，因此在干旱的时期，需要特别关注植物对水的需求。

3. 园林排水的方式

（1）地面排水

地面排水是指利用地面自然的坡度，通过建造沟渠、溪流等路线进行组织和引导，将雨水排入周边的水体或城市雨水管道。这种方法被广泛用于公园雨水管理，其特点是经济实惠、容易维护、景观自然，可以通过合理的规划充分利用其优缺点。

（2）管渠排水

管渠排水是指利用明沟、盲沟或管道等设施，实现排水的方式。

①明沟排水。使用明渠进行排水。土质明沟是指断面形状为梯形、三角形或自然式浅沟的沟渠，可以用来种植草花，也可让杂草自然生长。通常情况下，梯形断面比较常见。在一些区域，可以根据要求采用砌砖、石材或混凝土建造明渠，

通常会采用梯形或矩形的断面形式（图 2-2-3）。

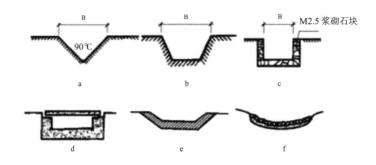

图 2-2-3　明沟形式

注：a. 三角形明沟，b. 梯形明沟，c. 方形明沟，d. 加盖明沟，e. 砖明沟，f. 卵石明沟

②盲沟排水。盲沟，也被称为暗沟，是一种地下排水渠道，其主要作用是排放和减少地下水。盲沟排水适用于需要良好排水条件的全天候体育场地、地下水位较高的区域，以及某些不适宜水生植物生长的园林植物区域等。

盲沟排水的优势在于可采用易得的材料如砖石等，并且成本较为经济实惠。园林绿地草坪及其他活动场地的完整性得以保持，没有设置任何雨水口和检查井等构筑物于地面。

盲沟的布置形式取决于地形及地下水的流动方向，常见的有树枝式、鱼骨式和铁耙式三种（图 2-2-4），分别适用于洼地、谷地和坡地。

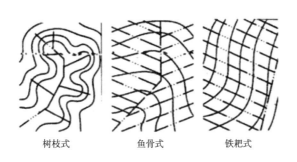

树枝式　　鱼骨式　　铁耙式

图 2-2-4　盲沟布置形式

盲沟的埋深常常受到多种因素的影响。盲沟的埋深一般在 1.2～1.7m 之间。支管的间距取决于场地的排水量、排水需求和土壤类型。为了满足更高的排水

要求，需要在场地上增加更多的支管。通常情况下，支管之间的距离在9～24m之间。

在盲沟的底部，地面的高度每水平1m向纵向延伸方向上下降不少于0.5%。如果地形和其他条件允许，则应该尽量增加纵向的坡度，有助于地下水的排放。

（3）地表径流的排除

地表径流是指雨水径流对地表的冲刷，对地表造成危害是地面排水所面临的主要问题。因此，必须采取合理措施来防止对地表的冲刷，进而保持水土、维护园林景观。通常从以下几方面着手来解决：

①竖向设计排除。调整地面坡度，避免过陡，以减缓地表径流速度。如果无法避免坡度过大，就需要采取加固措施。

②工程措施排除。在园林中，除了在竖向设计中考虑外，有时还必须采取工程措施防止地表冲刷，也可以结合景点设置。常用的工程措施如下：

措施一是消能石（谷方）。当水在山谷和峡谷的汇水线上聚集时，往往会形成大量的快速流动的水流，这可能会冲刷地表。为了避免这种情况的发生，在汇水区域中可以放置一些山石、挡水石和护土筋来降低水流的速度和冲击力，这些山石就称为"谷方"。消能石需要深埋浅露，布置得当还能成为园林中动人的水景。

在山路旁边或陡坡处，我们常常设置挡水石和护土筋，利用山道边沟进行排水，以减少急流对道路的冲击。此外，通过与道路曲线和植物种植相结合，也可以形成小景观效果。

措施二是排水口。为了保持园林内岸坡结构的稳定，同时又能结合美观的景观设计，在将地面或者明渠中的水排放到园林内的水体中时，我们需要对出水口进行适当的处理。一种敞口排水槽叫作"水簸箕"，可以在槽身加固时选用三合土、浆砌块石（或砖）或混凝土材料。当排水槽上下口高差大时可采用以下方法：在下口设栅栏起消力和防护作用，在槽底设置消力阶，槽底做成碾礤状（连续的浅阶），在槽底砌消力块等（图2-2-5）。

③利用植物排除。园林植物具有对地表径流加以阻碍、吸收和固土等诸多作用，合理种植、用植被覆盖地面是防止地表径流的有效措施与正确选择。

④埋管排水排除。对地势低洼处可采用管渠排水。

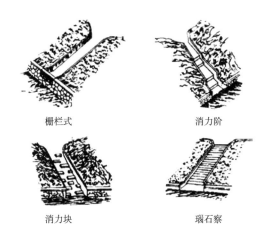

栅栏式　　　　　　　消力阶

消力块　　　　　　　瑙石察

图 2-2-5　出水口消能方式

（二）排水工程施工

1.管道施工

（1）管道沟槽开挖

在开挖管道沟槽时，先要放样并对现场进行清理，根据管道的埋深、直径和地质调查的土质情况，确定边坡的坡度和开挖的宽度。在施工时，顺流方向向上的方式。开挖前，先建造排水槽和排水井，以保证地下水位以下土方的稳定性。如果采用明沟排水井和排水槽进行施工，则需要确保它们的位置远离管道沟槽范围。在沟槽开挖时，排水沟和井的深度需及时调整，至少要降低 0.5m。如果采用机械开挖，则底部需预留 20cm。当进行人工清理时，不应超出或干扰地基，如果有超挖，则需要用砂石回填并压实。

当开挖沟槽时，沟槽两侧离开槽口 1m 的范围内，不允许随意丢弃挖掘出的土方，并且堆放土方的高度不能超过 1.5m。

在挖掘深度较大的沟槽时，建议采用分层开挖的方法。每层挖掘深度应控制在 3m 以内，并在多层之间预留平台，必要时还需采取沟槽支撑措施，防止边坡塌陷，从而减少安全事故的发生。

在进行沟槽开挖的过程中，如果发现存在建成的地下设施或具有文物价值的遗址，立即采取措施予以保护，并及时通知相关部门。应按照施工流程进行基槽挖掘，并在挖掘过程中分段进行管道安装。在进行基槽开挖的同时，进行检查井基坑的开挖和成型。如果槽底土质区域发现了松软地基、流沙等情况，需与相关单位重新制定应对措施。在进行下一道工序之前，需要等待监理检查验收合格后才能开始挖掘沟槽。

（2）平基、管座

管道基础可以是砂石基础或混凝土基础。为确保基础与管身和承插口外壁均匀接触，应将砂或砂石基础平铺均匀后，进行振捣密实处理。

如果选择使用混凝土基础，就需要考虑土层厚度，以便决定基础的支撑角和基础厚度，进而决定是一次性浇筑平基，还是分两次浇筑平基管座。施工前，需要对水泥、砂等原材料进行检查，并设计配合比，经批准后方可使用。

平基管座模板的支设可以进行一次或两次，但每次的支设高度最好略高于混凝土的浇筑高度。在清除模板中的杂质、验证尺寸高度和管道中心位置之后，方可进行混凝土浇筑。

要在一次浇筑中完成平基管座的施工，可以采用垫块法。具体操作是，先将一侧位置上的混凝土灌注完成，等待对侧混凝土灌注与已灌注侧混凝土高度相等时，再同时浇筑两侧混凝土，并使用插入式振动器进行密实振捣，以确保两侧混凝土高度一致。

在进行平基和管座分层浇筑时，首先，将平基的高度降低 3cm，使其低于设计的管子高度。其次，在进行第二次混凝土浇筑时，先使用与之前相同强度等级的混凝土砂浆，将平基与管子接触的管下腋角部分填充并捣实。最后，在填充完成后再进行混凝土浇筑。同时需要注意，填充与浇筑的两侧应相互连接，利用振动器的插入动作进行密实处理。

当处理管道基础的变形缝时，应将缝的位置与柔性接口相对应。应在管道上覆土高度变化较大，对管道荷载作用变化较大的区域，设置柔性接口并预留变形缝。

（3）管节安装与铺设

在管节进场时，应按照设计要求放置管子，并选择使用方便、平坦、坚固的场地，便于起吊和运输。

在进行管道安装之前，需要对管道的中心线、纵向排水坡度和管道高程进行测量。在安装管道时，必须先检验沟槽的地基和管基质量是否合格。

在将管节放入沟槽时，必须避免管道与槽壁或其他管道发生碰撞。在管道安装过程中，随时清理管道中的杂物，逐一调整每个管节的中心位置，以及管道的流水面高度和纵坡。在安装完成后，需再次对管节进行校准和测量。

如果沟槽中有多条管道，在进行管道合槽施工时，则应先安装深度较大的管道。在安装管道时，连接管节接头必须确保承口和插口处已经清理干净。在进行接口前，需要仔细检查每个橡胶圈，以确保没有割痕、破损或气泡等缺陷。在安装时，确保插座上用于固定的圆形橡胶垫平直、无扭曲，并且位置均匀到位。此外，当外力放松后，橡胶垫的回弹量不应超过 1cm。安装完成后，请确保橡胶垫与插座工作面平行，务必符合规范要求。

在使用管口接头时，需用水泥砂浆填缝。按照要求，需用钢丝网水泥砂浆或水泥砂浆进行接口抹带的施工。在管口抹带的时候，需要先将管口外壁凿毛并清洗干净，然后分两层抹上水泥砂浆带。在抹布固定后，应该用软布料将其覆盖。等到水泥凝固后再进行喷水养护，确保抹布没有任何裂缝或空隙。

（4）沟槽回填

①管道沟槽回填前应进行下列工作：确保混凝土基础的强度、接口抹带和接口水泥砂浆的强度均不小于 5N/mm^2。

在水压试验之前，管道的两侧和管顶上的回填高度必须保证不少于 50cm，除接口部分外。为了确认无压力管道的质量，需进行闭水试验，并在试验合格之后再进行回填。

②管道填料除了符合设计要求外，还应符合以下要求：在管道下部距离管顶 50cm 的范围内，禁止使用含有有机物、冻土及超过 5cm 大小的砖块、石头等硬物。在混合带的连接位置，填充物应该使用细小的土壤颗粒。要保持回填土的最佳含水量，需要根据土地的类型和使用的压实设备来管理水分含量。

③应采用分层对称回填的方式进行管道回填，每层应当有虚铺层，其厚度不应超过 25cm。当压路机进行碾压时，虚铺层的厚度可以扩大至 40cm。

④当进行回填土的压实时，应在分层回填的过程中逐层进行压实。

⑤在进行回填压实时，应该将填土分段处理，保证相邻段接缝呈梯形状，而且压实时不应该出现漏夯漏压的情况。

⑥当管道沟槽被安置在路基范围内并且路基的压实度较高时，管道两侧回填

的土壤应该按照路基的压实程度压实，以符合设计和规范的要求。如果沟槽没有修路计划且不在路的范围内时，就需要在管顶以上 50cm 的高度内松填回填土，从管道结构的外侧开始，填充宽度为管道结构外缘范围，压实度不应超过 85%。

⑦如果管道覆土较浅，且回填土的压实程度不符合要求，则需与相关人员协商并寻求应对方案。

⑧在填埋检查井和雨水口周围的土壤时，应当与管道一同进行回填，如果不能同时进行，就应留下一段台阶状的接口。应当沿着井中心对称地逐步压实井室周围的回填材料，确保没有遗漏的区域或漏振漏夯现象，并使回填材料紧密贴合井壁。

2. 检查井、雨水口施工

（1）井坑土方开挖

井坑土方和管道沟槽同时挖掘。在管道沟槽挖掘完毕后，确定井的位置，并结合管节的长度进行微调。

（2）井基混凝土

井底基础和管道平基一起施工，并且使用平板振动器进行振捣以实现密实。

（3）井身砌筑

①井身砌筑包括构建井室、封口段和井筒的砌筑工作。砌筑选用 M7.5 水泥砂浆。在砌筑墙体之前，用水将砖头浇透，在砌筑墙体时，铺满砂浆并挤压，上下交替搭砌，竖直方向和水平方向的灰缝应该保持在 1cm，并且不允许出现竖直通缝。

②在进行井室段的砌筑时，必须格外留心管节与墙体的结合部，应确保砂浆充盈并且没有空隙。

③在建造检查井室时，可以选择与井壁墙体同时砌筑或者在后期使用混凝土进行浇筑，以便构建井内的流槽。

④需要同时安装踏步。在踏步处，最好使用细石混凝土灌砌。在混凝土未达到规定的要求前，不得踩踏踏步。在砌筑检查井的同时设置预留支管，并确保其管位、方向和高程符合要求，并且不会发生弯曲。

⑤建造检查井室时，需时时监测其直径、尺寸和垂直度。在进行砌筑收口段工作时，需要根据收口段高度和收口直径精确计算每块砖应该被收进的尺寸。如

果需要在四面进行收口，则每块砖被收进的尺寸不宜超过 3cm。如果需要进行偏心收口，则每块砖收进的尺寸也不应大于 5cm。

井筒段砌筑需要高度准确地控制尺寸，以确保其内部空间的尺寸与井座内部空间相同。

（4）井座井盖安装及井圈混凝土浇筑

①检查井砌筑至规定高程后，需要使用浆料安装井座，以保证其正确地安装在砌体上。

②井座的外墙采用混凝土密实浇筑并抹光，形成井圈。

（5）抹灰

使用 1∶2 比例的防水水泥砂浆，在检查井的内外壁上分层进行抹灰，同时进行井壁抹灰和安装流槽，确保流槽与管道内径相同且高度与管道中心线一致。

（6）土方回填

①在进行土方回填之前，需要对检查井和雨水口进行检查和验收，只有符合要求，才能进行回填作业。

②在回填土时，应先覆盖盖板并同时回填井墙等周围的土壤。回填土壤的密实度根据路基路面的要求确定，不得小于 95%。

③同时进行检查井室回填与管道沟槽回填。

（7）外观要求

①井的位置要符合设计要求，不能出现歪斜的情况。

②井圈与井壁密合。

③井圈与道路中边线要有一定的距离。

④井墙与雨水支管的管口要在同一水平线上。

雨水口和检查井之间的管道连接直线顺畅，没有错口，且坡度符合要求。

3. 进出水口构筑物施工

①进出水口构筑物需在降水的时期施工。

②在构建进出水口的基础时，应以原有土壤为基础。如果当地的土壤比较软或被扰动过，则需要按照设计要求进行处理。

③要确保施工符合设计要求和规范要求，按照设计要求逐步施工端墙、翼墙基础和墙身。

④确保护坦和铺底平稳，水流畅通，不允许存在倾斜。

4.无压力管道严密性试验（闭水试验）

①在填埋之前，需要进行闭合水法的严密性能检测，避免涉及污水、雨污水混合管道和湿陷、膨胀土地质的雨水管道。

②试验管段应满足以下条件：管道和检查井已经通过外观质量检验并且合格。

③管道未回填土且沟槽内无积水。

④所有预留的孔都被堵塞了，没有渗水。

⑤管道两端的堵板应该具备比水压力合力更强的承载能力。

实验管道应根据井的间距进行划分，并且每段长度不宜超过1km，以进行含井试验。完成闭水试验后，需将管道灌满水并进行至少24小时的浸泡。一旦试验水头达到设定值，需要持续补充水以保持试验水头不变，并观察管道渗水量直至试验结束。如果经过标准计算后，检测到的渗水量低于规定的允许水量，那么该管道的严密性试验将获得通过认可，否则需要进行返修。

（三）排水管道质量验收

1.管道位置偏移或积水

（1）产生原因

由于测量误差、施工走样等，出现位置偏移，导致积水，甚至反向倾斜的现象。

（2）预防措施

①在施工前按照要求进行复测和保护。

②施工放样需要考虑水文地质条件，应符合埋置深度、设计和相关规定的要求。

③在施工过程中，必须严格遵循样桩的要求，则准确测量并审核沟渠及平基的轴线和纵向坡度。

如果在施工过程中遇到需要避让的构筑物，应该在合适的位置增加连接井来连接它们。

2.管道渗水，闭水试验不合格

（1）产生原因

地基不平整、管材和管道接口施工质量低劣等种种原因，都可能导致漏水现象的发生。

（2）防治措施

①加强对管道基础的检测和评估，确保基础满足工程要求。在施工过程中严格按照相关规定进行基础处理。对于已经出现局部积水或管道断裂、接口开裂等问题，应及时修复并采取相应的措施。

施工时必须遵守设计规范，确保有着牢固和稳定的管道基础。如果当地地质水文条件不符合设计要求，则需要及时进行换土改良措施，使基槽底部的承载能力得到增强。如果槽底土壤遭到水浸泡或被扰动，则要先清除土层松软的部分，然后用稳定性较高的材料（如砂石或碎石等）将超挖部分回填并严密压实。

在进行低于地下水位的挖掘时，应当采取适当措施保障挖掘的坑底充分排水，防止积水。必要时，可以在坑底留下一层厚度为20cm的土层，方便后续工序在施工时随时清除。这样能够保证坑底干燥，为接下来的施工提供一个良好的场地条件。

②管道素材不佳，出现裂缝或部分混凝土疏松，导致其防渗能力较差，并容易出现渗漏问题。

所有管材附带力学试验报告及质量部门颁发的合格证明等资料。管材外表面光滑，无疏松或蜂窝麻面等现象。在安装前再次检查，如果存在已知或潜在的质量问题，则应在经过有效的处理后再继续使用或要求其直接退场。

③管接口填料和施工质量存在问题，管道可能会发生破损或接口开裂，特别是在外力作用下。使用高质量的填料接口，并使用符合要求的配比和施工工艺进行施工。在抹灰施工时，确保接口缝部分的干净，同时，按照规范施工。

由于检查井的施工质量没达到要求，使井壁和连接管之间的结合处发生渗漏。检查井砌筑所使用的砂浆必须充分填满每个空隙，同时，每个勾缝都应该得到全面且细致的涂抹，不留任何漏洞。在开始抹面前，先清洗和浸湿表面，抹面时注意压实平整，同时进行养护。

在与检查井相连的管道外表面涂覆水泥原浆时，应先进行湿润处理，并确保涂布均匀，然后进行内侧、外侧的抹面，避免有渗漏的情况。

④规划预留支管的封口没有封闭。如果采用砌砖墙封堵时，则要注意以下几点。

A. 在进行砌体结构之前，需要将管道口周围0.5m左右的内壁彻底清洗除尘，并涂刷一层水泥原浆。

B. 使用标号达到 M7.5 及以上的砌筑砂浆，并调配正确的浆稠度。

C. 在抹面和勾缝时，必须使用标号不低于 Ml5 的水泥砂浆，并且建议使用防水水泥砂浆。同时，施工时要采用防水的五层施工法。

D. 通常在检查井砌筑之前进行封砌，以保证质量。

⑤全面检测管道施工和材料质量时可以用闭水试验，但很可能出现一些不合格情况。在这种情况下，应该先用标记记下渗漏位置，之后再排出管道内的水，认真处理渗漏处。可使用水泥浆或防水涂料进行涂刷来处理细小的缝隙或表面的渗漏，如果问题比较严重，则需要进行返工处理。对严重的渗漏问题，需要进行专业技术研究。

3. 检查井变形、下沉，构配件质量差

（1）产生原因

检查井下沉和变形，井盖的品质和安装质量都不佳，井内的爬梯安装随意，影响外观和使用品质。

（2）防治措施

防止检查井体下沉，要做好基层和垫层，并做好流槽的措施。为确保井体不发生变形，需要严格控制检查井的建造质量。

检查井盖与座要配套，在安装时需要确保填充物填满。选择适合的轻重型号和面底是很重要的，安装铁爬时需要控制好上、下第一步的位置，同时还需要保证平面位置的精确度。

4. 填土沉陷

（1）产生原因

检查井周围的回填土地没有得到充分的压实，没有按照规定分层夯实，回填材料不够优质，水含量未得到适当控制等因素影响了压实效果，因此出现填土沉陷的问题。

（2）预防与处治措施

①预防措施。在进行管道回填时，选用的填料和夯实机械要符合回填部位和施工条件，以防止问题的发生。为了获得最经济的压实效果，应根据填料种类和填筑厚度选择相应的夯压器具。填料中的泥淤、树根、草皮以及它们的分解物不仅会影响压实效果，还可能在土壤干燥、腐烂时形成孔洞。在进行施工时，如果

遇到地下水或雨水，则需要先排出水分，然后进行分层填充，随着填充进行压密，以增加填土的密实度。

②处治措施。不同的沉降程度采取相应的处置措施。对于轻微沉降，可以不处理或仅进行表面处理。如果导致建筑物的基础空洞或损坏，则需要使用水泥浆泵压填充的方法来解决。如果某个建筑结构已经受损导致部分破坏，为了使其恢复正常，在不改变结构本质的前提下，就需要先挖掉对该结构有害的填料，然后使用更稳定的材料来进行补充和加固，最后压实这些材料，使构筑物能够恢复原有的功能。

管道工程属于隐蔽工程，只能在完工时通过检查进行检验。因此，在操作过程中应特别注重主体结构的施工质量，积极努力解决各种质量问题，以确保整个工程的施工质量。

第三章　园林水景、绿化与照明工程施工技术

本章主要介绍了园林水景、绿化与照明工程施工技术，分为三个小节详细介绍，分别是水景工程施工方案及技术、绿化工程施工方案及技术、照明工程施工方案及技术。

第一节　水景工程施工方案及技术

一、人工湖施工技术

湖属于静态水体，分为自然形成的湖和人工形成的湖两种。后者为人造或半人造水域景观。例如，南京玄武湖、杭州西湖、广东星湖等著名景点皆为自然之美。湖以其特有的风格而成为人们旅游度假的胜地之一。人工开凿而成的人工湖，是根据地形高低而形成的水域，沿岸景色宜人，自然景色如画，如深圳仙湖和现代公园中的人工大水面。湖水中常有浮游生物附着生长，形成了一种特殊的生态条件，有利于各种水生动植物生存繁衍。湖的特征在于其水面宽广且平静，给人一种开阔、开朗的感觉。由于湖内水体宽阔而又不太开阔，也可形成较大面积的浅水景观区。此外，湖的水深通常具有一定的优势，可为水产养殖提供便利。湖周围的天际线和湖岸线相得益彰，还常利用人工堆土将其转化为小岛，以划分水域空间，从而赋予水景更多层次。

（一）人工湖施工的相关知识

1.人工湖的布置要点

在园林设计中，如果要利用湖泊打造水景，就必须重视湖水的光影特性。需要重视水边景观设计，在设计湖岸线时要注重线条美学，应采用自然曲线设计，强调自然的流畅感和协调性。下面是湖岸线平面设计的几种基本形式（图3-1-

1）。另外，在设计中需要特别关注湖泊的水位设置，并选择适当的排水设施，如水闸、溢流槽和排水孔等。在选址人工湖时，应当注重基址的选择。最好选取土地质地为壤土、细腻且土层厚实的地区作为湖泊基址，而不宜选用过于黏滞或渗透性过强的土地。如果渗透性较强，则需借助工程手段确保设立防渗层。

心字形　　　　云形　　　　流水形　　　　葫芦形　　　　水字形

图 3-1-1　湖岸线平面设计形式

2. 人工湖基址对土壤的要求

在完成人工湖平面设计后，需要对预定挖掘区域进行土壤勘测，以便为施工技术设计做好准备工作。挖湖的最适合土壤类型是黏性较高的土壤，如黏土、砂质黏土、壤土。这种土壤质地细腻，土层深厚或渗透力较差。

湖边基础的土壤必须具有坚实的结构。虽然黏土不太容易透水，但是当湖水淤积到低水位时，黏土很容易开裂。而且，黏土在湿润的情况下会变得松软和泥泞，这也意味着它不能被单独用作湖的堤岸材料。为确保测量漏水情况的准确性，在开始挖湖前需要进行基础钻探工作。相邻钻孔之间的距离不超过100m。通过探明土质情况，来决定这一区域是否适合挖湖或在挖掘时需要采取哪些工程措施。

3. 水面蒸发量的测定和估算

为了更好地规划人工湖的补水量，必须精确测定和估算湖面的水分蒸发量。湖泊的水位变化是由湖水温度、气压等因素共同作用而产生的，要想精确计算出湖体表面的蒸发量就必须考虑这些影响因子。我国常用 E-601 型蒸发器来测量水面的蒸发量，但其测量结果往往高于水体实际蒸发量，因此需要对其进行适当的折减计算。通常情况下，年平均蒸发折减系数介于 0.75～0.85 之间。

4. 人工湖渗漏损失

通过计算湖面蒸发水量和渗漏水量，可以确定人工湖的总水量损失量，据此可以计算出最小水位。基于雨季湖中总共接收到的雨水量，可以计算出水位的最高点。在进行人工湖的驳岸设计时，必须考虑湖中给水量和常水位等数据，这些数据的计算是非常重要的。

（二）人工湖施工的步骤

人工湖施工技术的一般步骤如下：

①认真分析设计图纸，并按设计图纸确定土方量。

②对现场进行仔细踏勘，并按照设计线形确定施工点位；石灰或黄沙等物料可用于垫放线。在湖池外围打一圈木桩，距离湖池边缘为 15～30cm。第一根木桩是基准点，其余的木桩都以第一根木桩为基准点。基准桩是指湖体边缘的水平高度。一旦桩已经安装完成，需要注意维护标志桩和基准桩的完好无损。事先要规划好挖掘方向并确定土方堆放方案。

③考察基址渗漏状况。

④湖体施工排水。如果水位过高，为了避免湖底因地下水挤压而抬高，则需特别留意地下水的排放。在工程施工中，可使用多台水泵排水，或采用梯级排水沟的方式进行排水。一般情况下，湖底会被铺设一层厚度为 15cm 的碎石，然后再覆盖上一层 5～7cm 厚的沙子。如果这个方法不起作用的话，就需要挖掘一个环状排水沟，并在沟底铺设带孔 PVC 管，然后用石子填充周围（图 3-1-2），这样可以更好地实现排水。在开挖岸线的过程中，工程人员需要特别关注岸线的稳定性。为了确保稳定性，可以运用块石或竹木进行支撑和防护。通常情况下，如果湖底的基础处于稳定状态，则无须过多的特殊处理，只需要适当地进行加固即可。在湖底敷设 PVC 排水管时，应根据当地实际情况进行灵活应对。

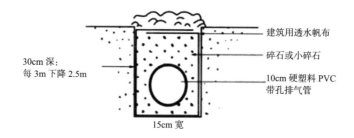

30cm 深：
每 3m 下降 2.5m

建筑用透水帆布

碎石或小碎石

10cm 硬塑料 PVC
带孔排气管

15cm 宽

图 3-1-2　PVC 排水管敷设示意图

⑤湖底做法应因地制宜。在湖底广阔的区域，推荐采用灰土建造方式；而在面积较小的湖底建造时，建议采用混凝土建造方式。当湖底渗漏情况中等时，可以选择用塑料薄膜来进行屏障保护。

⑥湖岸处理。确保湖岸的稳定性是至关重要的，它可以对湖区的美景产生独

特的影响，必须引起充分的重视和关注。如果需要开挖，就要按照图纸要求选择适当深度的坑穴，并将其填平压实。根据设计图规定，湖岸线的描绘必须严格采用石灰，同时确保在放线过程中，驳岸或护坡的实际宽度以及各控制基桩的标注都能够精准地实现。另外，还需要注意一些特殊部位如堤顶与护面块体之间的空隙处以及有可能存在渗水性隐患的位置要谨慎对待。在进行挖掘工作后，若发现存在易发生坍塌的区域，应当采用木条、竹板等支撑材料进行加固。另外还需要对土质进行适当改良，以确保工程质量。在遇到具有较高渗漏性的洞穴、孔洞等情况时，应综合考虑采用抛石、填灰土、三合土等多种不同的处理方式，以达到最佳效果。需要对河岸土壤进行适度整治，方可启动后续建设工作。

二、水池施工技术

（一）水池设计

水池设计包括平面设计、立面设计、管线设计等。

1. 水池的平面设计

水池的布局说明了其在地面上的位置和尺寸。可以在水池表面标记深度，并注明有关构造物的位置，如入水口、溢水口、排水口、喷泉、集水场及栽培的盆栽区等，此外还可以说明所选的切面在何处。

2. 水池的立面设计

水池的垂直设计表现在立面高度和形态的变化，变化主要体现在其朝向的立面上。一般而言，设计人员会考虑水池所处的环境及其具备的功能需求，来决定其设计深度。水池的边缘和周围环境的高度应该恰当地搭配，以满足游人亲水性的需求，力求达到最佳设计效果。除了展现天然的特质外，池壁的顶端可以采用整齐的形式进行加工，如平顶或凸起，以及弯曲的拱形，甚至可朝着水池的一侧倾斜，以呈现多种不同的形态。

3. 水池的管线设计

在设计水池的管道系统时，必须考虑到以下基本管道的布置：给水管道、补水管道、排水管道和溢水管道。偶尔会使用同一条管道来同时供水和补水。管道系统中的给水管、补水管和泄水管都可以被控制，这样可以更加高效地控制水的进出。为了保持溢水管的通畅，可以采用无需闸阀或其他控制设备的自由流管道设计。循环水可以广泛应用于河流、瀑布、水坝和管道等循环用水场所。尽管水池已安装喷泉和水下灯光，但供电系统的设计仍需要改进（图3-1-4）。

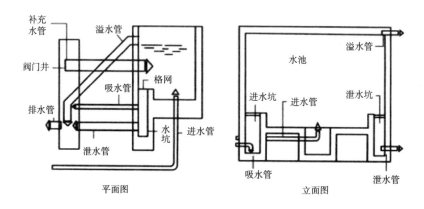

图 3-1-4　水池管线设计

（二）刚性水池施工技术

刚性材料水池做法，其一般施工工艺如下：

①放样：按设计图纸要求放出水池的位置、平面尺寸、池底标高对桩位。

②开挖基坑：一般可采用人工开挖，如水面较大也可采用机挖。为确保池底基土不受扰动破坏，机挖必须保留200mm厚度，由人工修整。需设置水生植物种植槽的，在放样时应明确，以防超挖而造成浪费，种植槽深度应视设计种植的水生植物特性决定。

③做池底基层：一般硬土层上只需用C10（混凝土型号）素混凝土浇平，约100mm厚，然后在找平层上浇捣刚性池底。如果土质较松软，则必须经结构计算后设置块石垫层、碎石垫层，素混凝土找平层后，方可进行池底浇捣。

④池底、壁结构施工：按设计要求，用钢筋混凝土作结构主体的，必须先支模板，然后扎池底、壁钢筋；两层钢筋间需采用专用钢筋撑脚支撑，已完成的钢筋严禁踩踏或堆压重物。

如果要采用砖、石作为水池结构主体的，则必须采用M7.5～M10水泥砂浆砌筑底，灌浆饱满密实，在炎热天要及时洒水养护砌筑体。

⑤水池粉刷：为保证水池防水可靠，在作装饰前，应先做好蓄水试验，在灌

满水 24h 后未有明显水位下降后，即可对池底、壁结构层采用防水砂浆粉刷。粉刷前要将池水放干清洗，不得有积水、污渍，粉刷层应密实牢固，不得出现空鼓现象。

（三）柔性材料水池施工

柔性材料水池的结构，一般施工工序如下：

①放样、开挖基坑要求与刚性水池相同。

②池底基层施工：在地基土条件极差（如淤泥层很深，难以全部清除）的条件下，才有必要考虑采用刚性水池基层的做法。不做刚性基层时，可将原土夯实整平，在原土上回填 300～500mm 的黏性黄土压实，即可在其上铺设柔性防水材料。

③水池柔性材料的铺设：铺设时应从最低标高开始向高标高位置铺设；在基层面应先按照卷材宽度及搭接长度要求弹线，然后逐幅分割铺贴，搭接也要用专用胶粘剂满涂后压紧，防止出现毛细缝。卷材底空气必须排出，最后在每个搭接边再用专用自粘式封口条封闭。

如果采用膨润土复合防水垫，则铺设方法与一般卷材类似，但卷材搭接处需满足搭接 200mm 以上，且搭接处按 0.4kg/m 铺设膨润土粉压边，防止渗漏产生。

④柔性水池完成后，为保护卷材不受冲刷破坏，一般需在面上铺压卵石或粗砂做保护。

（四）水池防冻处理

因为我国北方的冰冻期较长，所以对于室外园林地下水池的防冻处理就显得十分重要了。若为小型水池，一般是将池水排空。空水池壁外侧受土层冻胀影响，池壁承受较大的冻胀推力，严重时会造成水池池壁产生水平裂缝或断裂。

冬季池壁防冻时，可在池壁外侧采用排水性能较好的轻骨料如矿渣，焦渣或砂石等，并应解决地面排水，使池壁外回填土不发生冻胀情况，如图 3-1-5 所示，池底花管可解决池壁外积水（沿纵向将积水排除）。

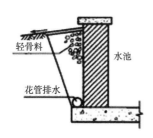 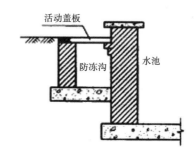

图 3-1-5　池壁防冻措施

在冬季，大型水池为了防止冻胀推裂池壁，可采取冬季池水不撤空，池中水面与池外地坪持平，使池水对池壁压力与冻胀推力相抵消。为了防止池面结冰，胀裂池壁，在寒冬季节，应将池边冰层破开，使池子四周为不结冰的水面。

三、喷泉施工技术

在园林设计中，喷泉作为一种常见的水景处理技巧被广泛运用。喷泉通过利用水的压力，将水从孔中喷出，然后在自由落体的过程中实现了喷流。在现代园林建设中，喷泉被广泛应用于各种园林景观之中，不仅具有较好的观赏效果，还能起到净化空气的作用，因此深受人们的青睐。喷泉由于独具匠心的水景设计，如壮观的水姿、奔涌的水流、多变的水形，深受大众的青睐。近些年来，随着技术的不断推进，出现了多样化的喷泉造型，水雕塑也越来越多地呈现出抽象的形态，同时，活动喷泉强调动态美感，极大地丰富了喷泉构成水景的艺术效果。我国的园林绿化、城市及地区景观越来越受到人们的关注和欢迎，其中，喷泉已成为园林景观重要的组成部分。

（一）喷泉施工基础知识

1.喷泉的作用

喷泉的动态水景可为园林环境带来一种生动的视觉享受，为城市景观增添了多姿多彩的元素。这种水景通常会被打造成重要的园林景点。

喷泉的运用可以提升周围特定区域的生态环境品质。它不仅能美化城市景观，而且还具有净化大气、调节气候等多种功能，如提升局部环境的湿度和负离子含量，降低空气中的尘埃含量，改善环境质量，有助于促进人类身心健康。它还具有激发情感、激发意志、提升审美素养的功效。因此，喷泉被认为是一种很有发展前途的景观形式之一。由于其独特之处，喷泉得以在艺术和技术领域不断创新和发展，因此备受人们的青睐。

2.喷泉的形式

可以将喷泉按照种类和形式进行分类，大致可以分为以下几类：

①普通装饰性喷泉，是由各种普通的水花图案组成的固定喷水型喷泉。

②合并了雕塑、观赏柱等元素的喷泉，通过不同形式的喷水花增添了景观的多样性。

③水雕塑，以人工或机械方式塑造出各种大型水滴的形态。

④自控喷泉，一般用各种电子技术，按设计程序来控制水、光、音、色形成多变的景观。

3.喷泉布置要点

在考虑喷泉的位置和周围环境布置时，必须先对喷泉的主题和形式进行深入思考，以确保喷泉与周围环境完美契合。如果将不同类型的喷泉放置在同一场景中，就会出现混乱局面，无法达到设计目的。为了达到环境美化和统一考虑的目的，可以运用环境渲染技术来营造喷泉的氛围。通过对各种不同类型的场景的模拟，可以营造出一个具有特定氛围和风格的喷泉景观。此外，借助喷泉所呈现的艺术意象，可以营造出一种令人陶醉的意境。通常情况下，喷泉会被安置于建筑物或广场的交汇点或末端，同时也可以根据周围环境的特点，巧妙地布置水景，为室内或室外的空间增添自由的装饰。另外，喷泉还可作为一个小型的雕塑装置，用于展示城市景观和历史文化等方面的内容。为了确保喷泉的水型稳定，最好将其安置于一个避风港湾的环境之中。

喷水池的设计风格可分为自然之美和整体之美两大类。水池中央的水喷口不仅可以呈现出精美的图案，还可以在一侧进行巧妙的偏置或随意布置，以达到更加多样化的效果。不同形状的喷泉的位置和角度也会有一定的差别。设计人员需要根据喷泉所处的空间大小，确定适宜的喷水规模、形式和喷水池的比例。

4.常用的喷头种类

在喷泉中，喷头是起关键作用的零件。它能将水加压并形成多种形态独特、绚丽多彩的喷泉效果，从而使水池内的水花美轮美奂地绽放在空中。喷泉的艺术效果受喷头形状、品质和外观等多方面的影响。

通常为了耐磨、抗锈蚀、具有一定强度，喷头会选用黄铜或青铜材质。这是因为水流在流经喷头时会产生摩擦作用。近年来，为了降低生产成本，人们使用铸造尼龙制造喷头以替代传统的铜制喷头。当前，常见的喷头设计可以概括为以下几类：

①喷雾喷头。喷雾喷头内部设有一个螺旋状导流板，让水流呈圆周运动，从而喷出细小、扩散性强的雾状水流。

②环形喷头。环形喷头的出水口为环形断面，即中间为空，外围为水流。这种设计可以让水形成集中而不分散的环形水柱。

③旋转喷头。通过反作用力或其他动力，用回转器带动转动，从而不断旋转喷嘴，使得喷水的形态变得更加多样化，这就是旋转喷头的作用原理。这使水花以愉悦动人的方式欢快旋转或飘逸荡漾，形成了各种扭曲线形，十分优美。

④多孔喷头。多孔喷头是一种集合了多个单射流喷嘴的喷头，用于喷洒更大面积的液体。喷头可以采用由多个细小孔洞穿成的壳体，这些孔洞可以位于平面、曲面或半球形结构上，并表现出各种形态的涌动水流。改变喷头形状的设计，能够创造多种不同的水花形态。

⑤变形喷头。变形喷头的种类繁多，但它们共同之处在于，在喷水口前方设置了一个可调节形状的反射器。当人们将水注入这种喷头中时，由于反射作用，就能形成一股强劲的水雾。利用该反射器，水流能够灵活调整喷水的形态，从而创造出多种均匀的水帘，如牵牛花、半球形、扶桑花等。

⑥蒲公英形喷头。蒲公英形喷头是一种具有圆球形外壳的喷头，其内部设有诸多同心排列的喷管，并在每个喷管的末端安装了一个半球形喷嘴。因此，它可以喷射出漂亮的球形或半球形水花，就像蒲公英一样美丽。它不仅可以独立使用，还可以错落有致的方式组装多个喷头，以展现出独特的艺术效果。

⑦组合式喷头。组合式喷头由多个形态各异的喷头组成，根据需要调整组合，形成一个可变的大喷头，以满足更复杂的水花造型需求。

5. 喷泉的造型设计

喷泉水形的外观受多个因素综合影响，包括喷头类型、组合方式和俯仰角度等方面。喷泉水的基本组成成分，是通过采用不同形式的喷头来喷出不同的水形。通过对这些水形进行不同的组合和设计，可以创造出无数种不同的水形风格和造型。

水形的造型可以采用多种方式呈现，如将喷头藏在水雾中，或者用水花敲打水面等多种形式。基于喷泉射流基本的形式，水可以以四种不同的方式进行组合呈现：单一的射流形式、多个射流形式集成在一起、散乱的射流形式和多种射流形式的组合。

（二）喷泉的给排水系统

喷泉所使用的水应当是清洁的，没有色、味和任何有害杂质的。因此，除了使用城市自来水作为水源外，喷泉也可以利用地下水。此外，如冷却设备和空调系统的水，可以被利用作为喷泉的水源。

1. 喷泉的给水方式

以下是喷泉的四种供水方式：

（1）直流式供水（自来水供水）

对于流量不超过 $2\sim3L/s$ 的小型喷泉，可以采用直流供水方式，即使用城市自来水管网供水，使用后的水可以通过排入雨水管网来处理。

（2）离心泵循环供水

大型喷泉为了保障水的持续供应并在保持必要的稳定水压的同时降低用水成本，常采用离心泵进行循环供水。可以建设一个水泵房，以实现循环供水的方式。

（3）潜水泵循环供水

利用潜水泵进行循环供水时，可将泵器安放在喷水池较为隐蔽处或低处，通过从池中直接吸取水源，将其有效地输送到喷水管和喷头供应。这种供水方式很常见，在小型喷泉中被广泛采用。

（4）高位水体供水

借助山涧溪流、湖泊河段等天然水体资源，为喷泉供水，净化后将废水释放。为了确保喷水池的卫生，大型喷泉可以采用专门的水泵来循环水池中的水，以持续保持水质清洁。在循环水管线中配置筛选器和杀菌设备，以去除水中的杂质、水藻和细菌。

定期更换喷水池中的水是必需的。在公共绿地和园林等场所，可以将喷泉产生的废水进行二次利用，如进行绿地喷淋或地面洒水，这种处理方式能够有效减少水的浪费。

2.喷泉管线布置

喷泉的管路可以安装在专门或共用的管沟中，在一般的水景工程中直接敷设在水池中。为确保各个喷头的水压相等，建议使用环状或对称的管道布局，并尽可能减少水压损失。在每个喷头或每组喷头之前都应该安装可调节水压的阀门。为了使高射程喷头发挥最佳效果，应该在喷头前采用一定长度的直线管段，或者安装整流器。喷泉给排水系统的构成，如图3-1-6所示。

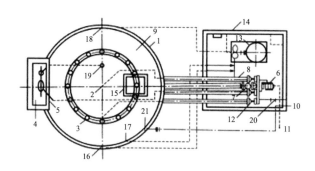

1—喷水池；2—加气喷头；3—装有直射喷头的环状管；4—高位水池；5—堰；6—水泵；
7—吸水滤网；8—吸水关闭阀；9—低水位池；10—风控制盘；11—风传感计；
12—平衡阀；13—过滤器；14—泵房；15—阻涡流板；16—除污器；
17—真空管线；18—可调眼球状进水装置；19—溢流排水口；
20—控制水位的补水阀；21—液体控制器

图3-1-6　喷泉工程给排水系统

①在喷泉系统中，水在喷射过程中部分流失及水在池中的蒸发会导致水位降低。因此，为了保持恒定的水位，需要设置补水管道，将水池的水管与城市给水管相接通，并在管道上装置浮球阀或液位继电器，用以补充水池丢失的水量，以保持水位处于稳定状态。

②为了避免池水因为下雨导致水位上涨，需使用溢水管，并确保该管道与雨水管网直接相连，而且该管道的倾斜度不低于3%。为了避免影响美观，应尽可能隐蔽地设置溢水口，并在这些地方设置拦污栅以防止污染物进入。

③把喷泉的排水管与园林内的水系，如雨水管道、园林湖泊和沟渠等相连接，使得喷泉流出的水能够成为园林内其他水体的补给水。此外，还需要进行额外的设计方案，才能将其用于灌溉绿地或在地面上洒水。

喷泉给排水管网主要由进水管、配水管、补充水管、溢流管和泄水管等组成。

水池管线布置如图 3-1-7 所示。

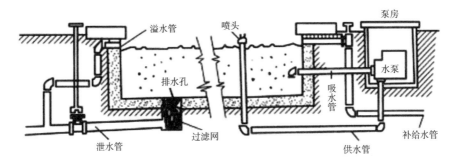

图 3-1-7　水池管线布置要点

（三）喷泉构造与施工

1. 喷水池

喷泉的一个重要元素是喷水池。它不仅能够成为独立的景观，还可以起到点缀、美化、装饰环境的作用，并保持正常的水位以确保喷泉正常工作。因此，可以说，喷水池集合了审美和实用的功能，成了一种完美的人工水景。

（1）喷水池设计

喷水池的外观和尺寸应当根据周围环境和设计所要求的特征进行综合考虑，以确保喷水池符合设计要求。在设计过程中，必须注重灵活性，同时保持与时俱进的状态，以适应不断变化的环境；为了确定水池的尺寸，必须综合考虑喷水的高度这一因素，随着喷水高度的增加，水池的容积也会相应地扩大，一般来说，水池的半径应该是最大喷水高度的 1～1.3 倍，而平均水池宽度应该是喷水高度的 3 倍。在使用潜水泵供水时，吸水池的容积必须能够满足一台水泵的最大出水量，且至少能够维持 3 分钟的供水时间。根据潜水泵、喷头和水下灯具的安装要求，需要确定水池的水深，且水深不得超过 0.7m，否则须采取必要的防护措施。

（2）喷水池的结构与施工

喷水池的构成要素包括基础结构、防水层、池底、池壁和顶部施加的压力等。

①基础。水池的承重部分是由灰土和混凝土层所构成的基础结构，为其提供了坚实的支撑。在进行施工之前，必须对基础底部的自然土壤进行夯实，以确保其密实度达到 85% 以上的水平。

②防水层。在水池的防水层和水池工程中，防水工程的优劣会直接影响水池

的安全使用和使用寿命。因此，确保水池质量的关键在于选用适宜的防水材料，并在使用过程中进行合理的筛选和优化。

当前，市面上供应的水池防水材料种类繁多，琳琅满目。这些材料各有其特点，使用方法也不一样。根据不同材料的特性，可将其归为沥青、塑料、橡胶、金属、砂浆、混凝土及有机复合材料等多种主要类别。其中，以沥青为基础的各种复合防水体系是我国使用最普遍的一种产品。根据施工方式的不同，可供选择的方案包括但不限于防水卷材、防水涂料、防水嵌缝油膏和防水薄膜等。

③池底需要能够承受水的冲刷，并且有足够的强度和韧性。一般情况下，可选用塑料片材（如塑料袋），以减少水流对池壁的冲击，或者用塑料薄膜代替。池底材料需要具有良好的耐酸碱性能。为了确保水池的安全性，建议采用现浇钢筋混凝土作为池底材料，并保证其厚度不小于20cm。如果水池容量较大，则建议使用双层钢筋网加固。在施工过程中，应当每隔20m选择断面最小的地方设置变形缝，并使用止水带或沥青麻丝填充该缝。为了防止漏水，在进行施工时必须从变形缝开始，不能在中间加入施工缝。

④池壁垂直于水池，承受着水平方向的压力来支撑池水，可以选择砖砌、块石或钢筋混凝土等三种材料来构建池壁。根据水池的大小，池壁厚度会有所不同。如果使用标准砖来砌筑池壁，那么壁厚至少应该达到240mm，所用的砂浆为M7.5水泥。尽管砖砌池壁施工方便，但由于红砖具有多孔性和砌体接缝较多，因此容易发生渗漏问题，且使用寿命相对较短。池壁应该由天然的大块石头构成，并要求石头紧密堆砌。通常情况下，钢筋混凝土池壁的厚度不会超过300mm，常使用的厚度为150~200mm。为了建造这种池壁，应该配备直径为8mm或12mm的钢筋，中心距应为200mm。此外，为了建造这种池壁，应该采用C20混凝土进行现场浇筑。

⑤压顶。池顶位于池壁顶部，其主要作用是防止池内受到污泥和泥沙等杂物的影响，从而保护池壁的完好性。下沉式水池的顶部应该比地面高出至少5~10cm。

（3）喷水池其他设施施工

喷水池的其他设施需要进行施工，包括供水管、补给水管、泄水管和溢水管等管线系统。在喷水池内，穿过池壁的管道常见的安装方式如图3-1-8所示。必须在给水管道和补给水管道上安装调节阀。为了防止水池受到污染，需要在泄水管道上安装单向阀门，以避免水的倒流。在泄水管单向阀门后，应当避免安装溢水管阀门，而是直接与排水管连接。为了方便淤泥的清理，可以在水池的最底部设置沉淀池或者收集池，如图 3-1-8 所示。

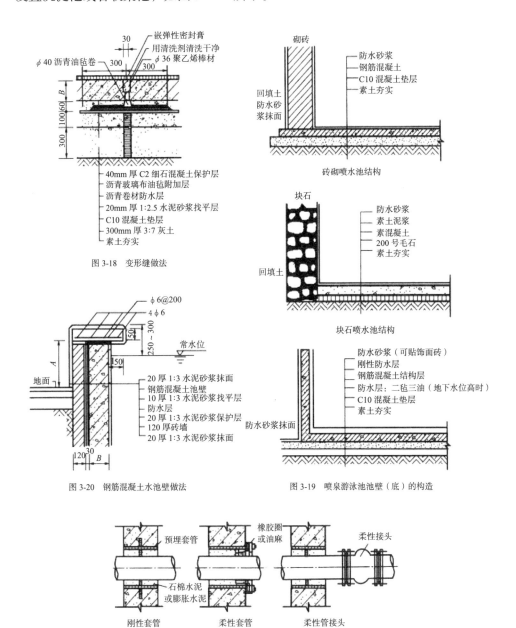

图 3-18　变形缝做法

图 3-20　钢筋混凝土水池壁做法

图 3-19　喷泉游泳池池壁（底）的构造

图 3-1-8　管道穿过池壁的做法

钢管的连接方式有三种，分别是螺纹连接、焊接和法兰连接。在露天管道安装中，螺纹连接是一种经常使用的连接方式，经常用于镀锌管道。一般来说，焊接用于未镀锌的钢管，并且被广泛用于那些需要安装在隐蔽位置的管道。通常情况下，法兰连接是一种常见的连接方式，广泛应用于诸如阀门、止回阀、水泵、水表等设备的连接上，同时也常被用于需要频繁拆卸检修的管道段上。对于小于100mm的管径，通常使用螺纹连接方式来连接管道。当管道直径大于100mm时，应使用法兰进行连接。

2. 泵房

水泵等提水设备常常被安装在泵房中，泵房是一种常见的建筑物，用于提升水源的效率。所有使用清水离心泵进行循环供水的喷泉工程都需要建造一个泵房。泵房可根据其与地面的关系分为三种形式，分别是地上式泵房、地下式泵房和半地下式泵房。

地上式泵房通常建在地面上，使用砖混结构，构造简单、成本低、易于维护。但是，有时候地上式泵房可能会对喷泉的环境景观产生负面影响。为了满足中小型喷泉的需求，建议将其与管理用房相融合，以达到更好的实际应用效果。通常情况下，地下式泵房被建造在地面之下，主要应用于园林美化。一般情况下，它们采用砖混或钢筋混凝土结构，并需要进行专门的防水处理。有时候，由于排水不畅，会增加造价，但是，这并不会对泵房周围的喷泉景观产生任何影响。

在泵房中必须安装排水口，特别要注意避免地面积水的问题。在进行泵房电力使用时，必须时刻谨记安全问题。在进行开关箱和控制板的安装过程中，必须严格遵守相关规定和标准。在泵房内需要安装灭火设备，如灭火器等。

3. 阀门井

在管道系统中，有必要设置给水阀井以确保便于随时开启或关闭给水供应。这样有助于方便操作，同时也能够满足给水的需求。在给水阀门井内安装一个截止阀以达到控制的目的。

①一般来说，供水阀门的井被建成了圆形的砖结构，分为底部、井身和盖子三个部分。通常情况下，井底需要垫上C10混凝土，并且井底内径应不小于1.2m。另外，井壁的形状应该逐渐变窄，其中一侧应该是平直的壁面，这样就可以更方便地安装铁梯子。井口的形状为圆形，直径为600mm或700mm。井盖采用成品铸铁井盖。

②排水阀门井是一种设施，用于将泄水管和溢水管连接在一起，并将它们同时排入下水管网中；必须在泄水管道上设置闸阀，并将溢水管接在阀门后方，以保障溢水管的排水通畅。

4.喷泉照明特点

在喷泉的设计中，灯光的设定已经成为一项至关重要的组成元素，直接影响着喷泉的视觉效果和美感。喷泉是由多个独立或相对固定的单元构成的，其内部都有一定数量的灯泡进行发光。一般而言，喷泉所采用的照明方式为内侧照射，根据灯具的安装位置可分为水下照明和水面照明两种不同的方式。

在水上环境中，灯具通常被安装在靠近的建筑设施上，以提供照明效果。其独特之处在于，水面上的光线呈现出高度的均衡性和丰富多彩的色彩，令人叹为观止。然而，我们的视觉系统很容易受到直接或间接的光线照射，从而导致眩光的出现。因此，为了减少眩光带来的伤害，就需要对灯光进行合理设计和布置。水下照明设备可在水中进行照明，该装置一般置于水面 5cm 以下，具有良好的隐蔽性，不仅能提供足够大的亮度来照亮整个水域，还能够根据需要调节照度以适应不同水深。水下照明之所以独具特色，是因为它能够让人们欣赏到水面的波纹，观察到闪烁的光芒随着水花的分散而变化，但其照明范围相对较小。喷泉的光线投射方向和位置会受到喷水的形态和姿态的影响（图 3-1-9）。

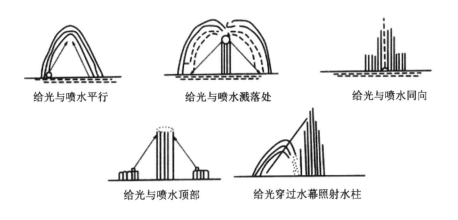

给光与喷水平行　　　给光与喷水溅落处　　　给光与喷水同向

给光与喷水顶部　　　给光穿过水幕照射水柱

图 3-1-9　喷泉给光示意图

在喷泉周围环境较亮的情况下，为了使喷水效果更加突出，需要确保喷水前端至少有 100～200lx 的光照度。在光线不太亮的情况下，需要确保光的亮度在 50～100lx 之间。白炽灯是照明的首选光源，其次是汞灯或金属卤化物灯。对于水下照明，黄色和蓝色色调的光线效果更佳。在进行配光时，需要避免多种色彩的混合产生白色光，从而造成色彩失真的情况。通常，位于主视角后的喷头灯会比旁边观赏者的灯更亮，应该在主视角靠近游客的一侧安装黄色等透射较高的彩色灯，以增强衬托效果。

为确保喷泉照明的安全性，需采用水下防水电缆，并将其中一段电缆接地，同时安装漏电保护装置。为确保照明器具的防水密封性能，其安装过程必须遵循相关技术规范和标准。为了让灯具通电，需要将电源线穿过护缆塑管或镀锌管，将其连接到安装灯具的位置。除此之外，还需在水下设置一个接线盒，以便将电源线从其末端连接至该区域。为确保灯具电缆的安全性，必须对接线盒的出线口进行严密的封闭，并严格控制电缆护套管的填充率，不得超过 45%。另外，还要考虑如何对接线端子与插座之间的接触压力加以控制，避免因接触面积过大导致触电事故的发生。为了确保电线不会发生断裂或漏电等安全隐患，定期的检查是必要的。确保每一款灯具都具备易于清洗的特点，同时水池必须经常进行清洁和更换水，此外还可以使用防藻剂以保护环境。在使用照明设备之前，务必将设备浸泡于水中，以确保设备处于适宜的状态，然后再启动电源。在进行操作时，必须严格遵守一系列安全措施，以确保操作的安全性。在关闭水源之前，请确保灯光已被完全关闭。

第二节　绿化工程施工方案及技术

绿化工程是以植物栽植工作为基本内容的环境建设工程。绿化工程施工则是以植物作为基本的建设材料，按照绿化设计进行具体的植物栽植和造景。植物是绿化的主体，植物造景是造园的主要手段，由于园林植物种类繁多，习性差异很大，立地条件各异，为了保证其成活和生长，达到设计效果，栽植施工时必须遵守一定的操作规程，才能保证绿化工程的施工质量。

一、树木栽植的施工

（一）栽植准备工作

1. 清理障碍物

在施工场地上，凡对施工有碍的障碍物如堆放的杂物、违章建筑、砖石块等要清除干净。一般情况下，已有树木能保留的尽可能保留。

2. 整理现场

按照设计图纸的规定，将绿化区域与其他用地区分开来，并对其进行地形整理，以使其与周围的排水系统趋于协调一致。整理工作一般应在栽植前 3 个月以内进行。

①对 8° 以下的平缓耕地或半荒地，应满足植物种植所需的最低土层厚度要求（表 3-2-1）。通常翻耕 30～50cm 深，利于蓄水保墒，并视土壤情况，合理施肥以便改变土壤肥性。平地整地要有一定倾斜度，以便排除过多的雨水。

表 3-2-1　绿地植物种植必需的最低土层厚度　　　　　　（单位：cm）

植被类型	草木花卉	草坪地被	小灌木	大灌木	浅根乔木	深根乔木
土层厚度	30	30	45	60	90	150

②整理工程场地应先清除杂物、垃圾，随后换土。考虑土地内含有建筑废料和其他有害物质，为满足设计规范的要求，需要采用客土或改良土壤的技术手段。

③为了预防返碱，在干燥的地区，应先考虑开掘排水沟，以此来降低地下水位。通常情况下，种植前一年，会在距离约 20m 的地方挖一条深 1.5～2.0m 的水沟，将被挖出的表土转移到一侧，以便形成一个土堆。生长季结束后，雨水会冲刷土壤，减少盐碱含量，杂草也会分解，这使得土壤变得更加松散、适度潮湿，为在城台上种植树木创造了良好的条件。

④对新堆土山的整地，应经过一个雨季使其自然沉降后，才能进行整地植树。

（二）定点与放线

1. 行道树的定点放线

一般称道路两旁有规律种植的树木为行道树。种植时需要确保植株的位置准确，并保持相同的植株间距（在国外可能使用不同宽度的植株间距）。通常会根据设计断面来确定位置，在已经存在的道路旁，以路缘石为基准，使用皮尺、钢尺或测绳来测定行冠位置。按照设计要求，需要在每隔 10 棵树之间设置一个木桩，作为行位核心标识。这些木桩并不是钉在实际种植位置上，这样可以确定每个树坑的位置，并使用白灰点来标记每个单独树的位置。

由于道路绿化牵涉到市政、交通、周边单位及居民等多方面关系，因此在确定植树位置时需要与规划设计部门进行协商，并在选定位置后请设计人员进行现场检查以确保符合要求。

2. 自然式定位放线

（1）坐标定点法

在设计和现场施工中，根据植物的排布密度，首先按比例绘制方格，并在图纸和现场上进行标记。然后，在设计图中测量树木在方格内的横纵坐标尺寸，再将其在相应的现场方格中用皮尺进行标记。

（2）仪器测法

用经纬仪或小平板仪依据地上原有基点或建筑物、道路，将树群或孤植树依照设计图上的位置依次定出每株的位置。

（3）目测法

如果设计图上没有规定绿化种植的固定位置，如灌木丛或树群，那么可以通过以上方法之一勾画出栽植区域。在这个区域内，每棵树木的位置和排列可以在特定的范围内，按照设计要求，通过目测的方式确定。

（三）栽植穴、槽的挖掘

1. 栽植穴质量、规格要求

植株的生长受到了栽植穴或槽的质量的重大影响。除了按照设计规定的位置进行安放之外，还应该根据植物的根系或土球大小以及土壤的质地来决定挖掘坑（穴）的直径大小。一般来说，栽植穴规格应比规定的根系或土球直径大 60～80cm，深度加深 20～30cm，并留 40cm 的操作沟。坑（穴）或沟槽口径应上下一致，以免植树时根系不能舒展或填土不实。栽植穴、槽的规格如表 3-2-2 至表 3-2-6 所示。

表 3-2-2　常绿乔木类种植穴规格　　　　　　（单位：cm）

树高	土球直径	种植穴深度	种植穴直径
150	40～50	50～60	80～90
150～250	70～80	80～90	100～110
250～400	80～100	90～110	120～130
400 以上	100 以上	120 以上	180

表 3-2-3　落叶乔木类种植穴规格　　　　　　（单位：cm）

干径	种植穴深度	种植穴直径
≤ 5	50～60	70～80
6～10	70～80	90～100
11～15	80 以上	120 以上
16～20	100 以上	140 以上

表 3-2-4　花灌木类种植穴规格　　　　　　（单位：cm）

冠径	种植穴深度	种植穴直径
200	70～90	90～110
150	60～70	70～90
100	50～60	50～70

表 3-2-5　竹类种植穴规格　　　　　　（单位：cm）

种植穴深度	种植穴直径
大于盘根或土球厚度	比盘根或土球直径大
20～40	40～50

表 3-2-6　绿篱类种植穴规格　　　　　　（单位：cm）

苗高	种植方式	
	单行	双行
50～80	40 × 40	40 × 60
100～120	50 × 50	50 × 70
120～150	60 × 60	60 × 80

2.栽植穴挖掘注意事项

栽植穴应该是直筒形状，将穴底挖平并细细地耙平底土，使其保持平坦的状态。要避免灌水时渗漏过快，就需要在填上新土后，在地面上挖小坑，踩实或夯实坑底。如果无法使坑底呈尖底或锅底形状，那么在斜坡上挖穴时，首先要将坡面平整成一个水平的台面，然后再开始挖掘栽植穴。此时，应根据穴口下沿的位置来确定穴的深度。

当挖掘坑穴时，如发现土中掺杂着太多碎砖、瓦块和灰团等杂质，建议更换较为肥沃的土壤，以便成功地种植树木。如果土壤中含有碎块较少，则可以在除掉碎块后再使用。如果出现土壤质量不佳的情况，则必须采用外来的土壤替换。

一旦挖好栽植的洞，就可以开始进行树木的种植。如果土壤贫瘠，那么在栽植孔底部加入一定量的基肥是必要的。使用已经彻底分解成熟的有机肥料，如堆肥、厩肥等，是必要的基肥措施。除了基肥层，还应在上面铺上一层厚度为5cm以上的土壤。

（四）一般树木栽植

1.苗木准备

选购园林绿化树苗时，要挑选树干挺拔，树皮色泽艳丽，生长状态健康有力的树苗。此外，在幼苗阶段需要进行1～3次转移，以便根系能够集中在树苗的根部。不要使用在育苗期中未进行过移栽的留床老苗，这些老苗的移栽成活率比较低，即使移栽成活，它们的长势也会很弱，从而导致绿化效果不佳。为了达到一致的绿化效果，在进行苗木绿化工作时，应尽可能选择规格相同的苗木进行搭配。建议选择带有完整土球的常绿树苗进行购买，因为散落土球的树苗生存率较低，即便是普通的落叶树苗木，也通常是需要携带一定的土块进行移植的。但是，在秋季和早春进行苗木移栽时，也可以选择不携带土块而让其露根移植。如果裸根苗木需要远距离运输，那么为了确保树根不因失水而影响移栽成活率，可以在根茎中填塞湿草，或外包一层塑料薄膜用来保持湿润。为了提高移栽成活率并减少树苗体内水分的流失，可以考虑将树苗的每个叶片剪掉一半，这样可以降低树叶的蒸腾面积和减小水分流失。

2.树木假植

如果苗木不能在规定的时间内栽种，或者在栽种之后有剩余的苗木，则都需要进行暂时的贮存。

假植是指暂时性地进行的栽培。

（1）带土球的苗木假植

在进行假植时，可以将苗木的树冠缩小并扎紧，以此使每一株苗木都与土球相邻，并将树冠紧密排列在一起，以达到高密度的假植效果。接下来，覆盖一层肥沃土壤在土球表面，并填满土球之间的空隙。将水均匀地洒在树冠和土球上，确保所有部位都被湿润，之后只需要保持土壤湿润即可。或者，将带着土球的苗木暂时移植到绿地上，将土球埋入土壤中，深度为土球的1/3～1/2。苗木之间的间距应根据假植时间、土球和树冠的大小来确定。通常情况下，每个土球与它周围的土球之间距离为15～30cm。只要把苗木栽种好，土壤保持适当湿润即可。

（2）裸根苗木假植

在进行裸根苗木的移植时，一般采用挖掘沟槽并进行假植的方式。需在地表开凿一条浅沟，其深度为40～60cm。这样就形成了一条由外向内逐渐变宽的沟槽。随后，将每一株裸根苗木倾斜30°，使树梢朝向西方或南方，紧密地栽入沟渠之中。如果树梢指向西方，那么挖掘沟渠的方向将会是朝向东方的。在沟渠挖好之后，再把树木栽植至合适的深度，然后浇水和施肥。如果树木的顶端朝向南方，那么其沟壑的方向将朝向南北。当树木生长到一定阶段时，要定期对树干和树枝进行修剪。在进行苗木斜栽后，需对根部周围进行分层土壤覆盖，并逐层施加压力以达到压实的目的。为了保持树叶的湿润状态，应该定期向其喷洒水分，以确保其在未来得到充分的保护。

（3）大树假植

为了确保大树或古树的移植和存活，一般需要在农村或山区野地采挖移植树，经过1～3年的假植养护期，才能正式栽种于园林绿地。我国大多数城市都有专门的树木移植基地，用于进行大树或古树名木的移栽工作。大树的假植采用的是单株假植方式，即将其竖立于预备的苗圃地上，而非进行栽植穴的挖掘。在此过程中，先用锄头把移植树从根部挖出并挖开根须和须根沟。在完成移植树的立正后，运用木棍进行支撑以维持其稳定性。随后，对土球周围增添土壤并施加适当的压力，将其转化为一座巨大的土壤堆积。在土堆周围采用砖石矮墙干砌的方式，不仅可以有效地截留土壤，同时也能够避免移植树树根的过度生长。我们必须更加注重水肥管理，以便为植物提供适宜的生长环境。

3. 树木定植

在符合规划要求的前提下，将树木永久地植入绿化区域，这便是所谓的定植。定植时，应根据当地气候条件和立地地形特点，选择合适树种，确定适宜栽植时期，进行科学施工管理。在初春和秋季这两个季节中，树木达到了最佳定植状态。此时树木生长最快，根系最为发达，并且土壤养分充足。一般情况下，最好在树木萌发之前进行种植，以确保其健康生长。此时土壤中含有大量水分并有充足氧气。对于那些经过多次移植并保持着完整土球的少量树木而言，在除去最炎热和最寒冷的季节之外的其他季节同样可以进行种植。在春季栽植树木能够保证树木良好的成活率，而夏季和冬季则可能会影响树木的成活率。在春秋季节进行大规模的树木种植是最为明智的决策。如果要在冬季进行移栽则必须提前做好准备工作。在进行苗木的定植施工时，需将其土球或根茎置于栽植穴内，并确保其处于中央位置，对树干进行重新垂直调整，使其与地面保持垂直。随后，进行回填土壤时的分层处理，并在填土后略微向上提起根系，以扩大其生长和发育的范围。需以锄头将每一层土壤充分填充，直至坑穴充盈，覆盖树木的根茎部分。在进行首次植树后，务必对树干进行垂直检查，同时留意树冠的倾斜情况。如果察觉树木偏离正轨之处，则需对其进行纠正。最终，将多余的土围绕植株根部一周，形成一个环形的围堰，用于防止水流流失。栽植穴的直径应该比围堰的直径略小。堰土需夯实，不可松散。在围堰完善之后，需要浇水，确保一次性浇透。还需要对倾斜的树干进行支撑以恢复正常。

（五）风景树栽植

1. 孤立树栽植

在草坪、小岛、山坡等地，孤立树被广泛种植。作为一种重要的景观树种，孤立树独特的生态环境和自然景观使其备受瞩目。为了提高绿化美化效果，可以将这些孤立树组合起来，以增加其观赏价值。选用的独立栽种树木必须具备以下特质之一：树冠覆盖范围广泛，或形态雄伟，或姿态优美、花朵繁盛。这些树木能够形成良好的视觉效果和丰富多样的色彩变化，从而提升整体园林美感。在栽种树木时，必须严格遵循一般树木栽种的基本技术规范，以确保植物的健康生长和良好发育。但是，为了更好的种植效果，需要扩大栽植穴的尺寸，同时保证土壤更加肥沃。为了达到最佳的构图效果，必须对树冠的方向进行调整，以确保最美的一面朝向最广阔、最深远的空间方向。在此过程中，可以根据地形变化来确定最佳位置，如让树枝尽量朝相反方向生长等。此外，为了适应树形设计的需要对树木的姿态进行调整，以使其呈现出水平或倾斜的形态，这可能需要对树干进行水平或斜向的种植。考虑园林景观要求，对树木的姿态进行调整和布局。在树木种植完成后，需要用木杆支撑树干，以预防树木倾倒。在 1 年后，支撑物可以被移除。

2. 树丛栽植

通常情况下，风景树丛可以通过种植几株或十几株乔木灌木相结合来构成。树丛可由单一种类的树组成，也可由多达 7～8 种不同的树组合而成。挑选树丛材料时，需注意挑选树形特点各异的树木，如柱形、伞形、球形和垂枝形等，这些不同形态的树种在组合成完整的树丛时才能够更好地搭配运用。通常情况下，在树丛的中心部分应该种植最高和最直的树木，而在树丛的外边缘则适合种植较矮的、呈伞形或球形的植物。当在树丛中选择某些树木进行倾斜种植时，务必将它们朝向树丛之外倾斜，而不能朝向树丛中心斜倚。主干最高、最粗的树木，在种植时必须垂直于地面。在树林中，植物应该适当地增加或减少与周围植物之间的距离，有密集的和稀疏的，不宜一成不变。可以将植物根据它们需要的密度紧密地种植在一起，彼此之间没有空隙。植株之间的间距应该不少于 5m，以保证它们的分布稀疏。

3. 风景林栽植

风景林通常由身材高大、威武挺拔的树种或独具特色、形态各异的树种群所构成。在进行风景林栽植施工时，需要特别关注以下事项：

（1）林地整理

在绿化工程启动前，需要进行森林清理工作，包括清除森林地面和地下的垃圾、杂物、障碍物等。通过耕作地面，将杂草掩埋，同时将地下生物群体暴露在地面上，在适当低温和日照的作用下，有针对性地清除掉病虫害和虫卵，从而减少对林木的危害，并提高森林植被的生存和成长能力。针对土质瘦瘠密实的情况，可以采用翻耕松土的方法，并向土壤中添加有机肥料以提升土壤质地。林地需要轻微平整，并确保排水坡度达到 1% 以上。当林地范围广阔时，最好在林下挖掘一些浅沟来排水，同时与林缘的排水沟相接，形成完整的林地排水系统。

（2）林缘放线

在林地准备好之后，需要根据设计图将风景林的边缘范围线映射到林地地面上，以确定林缘位置。采用坐标方格网法可以进行放线。通常情况下，林业作业中对林缘线的精确度要求并不十分严格，一定程度上的误差可以在后期的栽植和施工过程中进行调整。在林地内决定哪些地方种树，有两种方法，一种是依靠规则和指导方针来确定，另一种则是依赖自然条件和环境来自然形成。种植点的规则式可以根据设计的株行距准确地以直线定位，而自然式的种植点则更为灵活，允许在现场施工过程中任意定位。

（六）水景树栽植

为了搭配水景，应选择能够在湿地生长的树木。如果必须使用耐湿性较差的树种，那么在种植过程中需要采取一些措施。对于这类树种来说，栽植孔底部的高度必须高于水位线。在进行种植时，需要挖比平常更深的穴，可以在穴底铺设厚度达 5cm 以上的透水材料，如炭渣、粗砂粒等。在透水层上面要添加一层土壤，建议厚度在 8～20cm 之间，然后按照常规的种植方法种植树木。可以将树木种植得更深一些，让它们的根系埋到地下较深处。在种植点周围堆积土壤，使得根茎旁边的土壤升高，从而增加高出地面的部位。这种水景树的栽培方法适用于根系浅的树种，但对于深根树种而言，效果在最初的两三年内比较显著，随着时间的推移，效果会逐渐减弱。

（七）旱地树栽植

因为干旱地带的植物不耐受土壤过湿，所以在种植这类植物时要使用有良好透水性的土壤。例如，种植苏铁，就需要选择透水性好、含沙量较高的沙性土壤，而不是透水性较差的黏土。通常在栽种仙人掌类灌木时，需要选用透水性良好的沙质土壤。一些树木不喜欢潮湿的环境，但却适应干旱。这些树种可以种在黏性土里，但需要选择较为贫瘠的土地，同时需要提高种植点的位置或改善排水系统，以避免水淹的情况发生。

二、屋顶绿化

（一）屋顶绿化类型

1. 花园式屋顶绿化

①新建建筑原则上应采用花园式屋顶绿化，在建造新建筑时，应该优先采用花园式屋顶绿化方案。

②通过引入花园式屋顶绿化，可以满足建筑现有的荷载和防水要求，并改善其状态。

③建筑是否需要注释意思应不小于 250kg/m^2。设计时，应将重量较大的物品如乔木、园亭、花架、山石等放置在建筑承重墙、柱、梁的位置。

④主要以植物为设计元素的景观应采用乔木、灌木和草本植物的多层次配植，以达到更好的环境保护和美化效果。

2. 简单式屋顶绿化

①当建筑的屋顶由于负重限制或其他因素无法进行花园式屋顶绿化时，可以选择简易型屋顶绿化。

②建筑静荷载应该是 100kg/m^2。

③主要绿化形式。

A. 覆盖式绿化。根据建筑荷载较小的特点，利用耐旱草坪、地被、灌木或可匍匐的攀缘植物进行屋顶覆盖绿化。

B. 固定种植池绿化。根据建筑周边圈梁位置荷载较大的特点，在屋顶周边女儿墙一侧固定种植池，利用植物直立、悬垂或匍匐的特性，种植低矮灌木或攀缘植物。

C. 可移动容器绿化。可以根据屋顶荷载和使用要求，在屋顶上以容器组合的形式安排观赏植物。这种布局方式可以随着季节的变化而灵活组合，以适应不同的情况。

（二）种植设计与植物选择

1. 种植设计

（1）花园式屋顶绿化

植物种类的选择应符合下列规定：

①适应栽植地段立地条件的当地适生种类。

②林下植物应具有耐阴性,其根系发展不得影响乔木根系的生长。

③垂直绿化的攀缘植物依照墙体附着情况确定。

④具有相应抗性的种类。

⑤适应栽植的养护管理条件。

⑥改善栽植的条件后可以正常生长的、具有特殊意义的种类。

(2)绿化用地栽植土壤的规定

①栽植土层厚度符合相关标准的数值,且无大面积不透水层。

②废弃物污染程度不致影响植物的正常生长。

③酸碱度适宜。

利用丰富的植物色彩来渲染建筑环境,适当增加色彩明快的植物种类,丰富建筑整体景观。

(3)简单式屋顶绿化

①绿化以低成本、低养护为原则,所用植物的滞尘和控温能力要强。

②根据建筑自身条件,尽量达到植物种类多样,绿化层次丰富,生态效益突出的效果。

2.植物选择原则

①遵循植物多样性和共生性原则,以生长特性和观赏价值相对稳定、滞尘控温能力较强的本地常用和引种成功的植物为主。

②以低矮灌木、草坪、地被植物和攀缘植物为主,原则上不用大型乔木,有条件时可少量种植小型耐旱乔木。

③应选择根系发达的植物,不宜选用根系穿刺性较强的植物,防止植物根系穿透建筑防水层。

(三)屋顶绿化施工

1.屋顶绿化施工操作程序

(1)花园式屋顶绿化

花园式屋顶绿化施工流程,如图 3-2-1 所示。

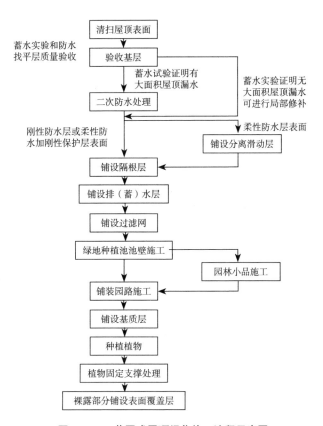

图 3-2-1 花园式屋顶绿化施工流程示意图

（2）简单式屋顶绿化

简单式屋顶绿化施工流程，如图 3-2-2 所示。

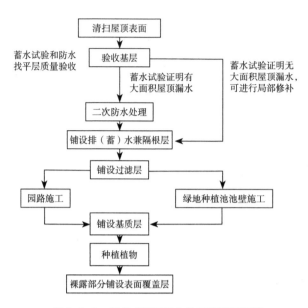

图 3-2-2　简单式屋顶绿化施工流程示意图

2.屋顶绿化种植区构造及施工

（1）植被层

通过移栽、铺设植生带和播种等形式种植的各种植物，包括小型乔木、灌木、草坪、地被植物、攀缘植物等。屋顶绿化植物种植方法，如图 3-2-3 所示。

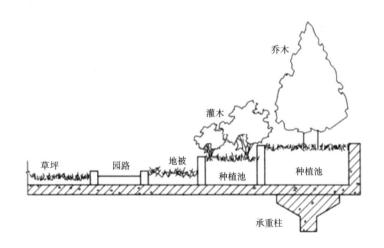

图 3-2-3　屋顶绿化植物种植池处理方法示意图

（2）基质层

基质层是指满足植物生长条件，具有一定的渗透性能、蓄水能力和空间稳定性的轻质材料层。

屋顶绿化基质荷重应根据湿密度进行核算，不应超过 1300kg/m³。常用的基质类型和配制比例，如表 3-2-7 所示，可在建筑荷载和基质荷重允许的范围内，根据实际情况酌情配比。

表 3-2-7　常用基质类型和配制比例参考

基质类型	主要配比材料	配制比例	湿密度（kg/m³）
改良土	田园土，轻质骨料	1：1	1200
	腐叶土，蛭石，砂土	7：2：1	780～1000
	田园土，草炭，蛭石和肥	4：3：1	1100～1300
	田园土，草炭，松针土，珍珠岩	1：1：1：1	780～1100
	田园土，草炭，松针土	3：4：3	780～950
	轻砂壤土，腐殖土，珍珠岩，蛭石	2.5：5：2：0.5	1100
	轻砂壤土，腐殖土，蛭石	5：3：2	1100～1300
超轻量基质	无机介质	—	450～650

注：基质湿密度一般为干密度的 1.2～1.5 倍。

（3）隔离过滤层

一般采用既能透水又能过滤的聚酯纤维无纺布等材料，阻止基质进入排水层。

隔离过滤层铺设在基质层下，搭接缝的有效宽度应达到 10～20cm，并向建筑侧墙面延伸至基质表层下方 5cm 处。

3. 园林铺装与照明系统施工

（1）园林铺装

①设计手法应简洁大方，与周围环境相协调，追求自然朴素的艺术效果。

②材料选择以轻型、生态、环保、防滑材质为宜。

（2）照明系统

①花园式屋顶绿化可根据使用功能和要求，适当设置夜间照明系统。

②简单式屋顶绿化原则上不设置夜间照明系统。

③屋顶照明系统应采取特殊的防水、防漏电措施。

三、草坪施工

草坪是城市绿地中最基本的地面绿化形式。草坪的施工过程主要包括土地整理、放线定点、布置草坪设施、铺种草坪草和后期管理等工序。

（一）土地整理与土质改良

园林草坪可分为两大类型：观赏性草坪和游息性草坪。一般来说，观赏性草坪都会被种植在类似花坛的种植床上，并且被严格限制禁止人们进入，其目的只是为了供人们欣赏。相比之下，游息草坪通常规划在专门的草坪场地上，供游客进入参观和放松。与花坛不同的是，游息草坪的周边往往没有边缘石，并且土地处理方式也存在一些不同。因而，我们仅聚焦于游息草坪的土地整备问题上。

在确定游息草坪用地后，先进行现场清理，将所有的杂物如碎砖烂瓦、灰块乱石等全部清除干净，接着就可以施肥了。使用有机肥料是最佳选择，这些肥料可以有效地促进植物的生长和发育。此外，在南方地区，可以将经过自然风化的河泥和塘泥作为肥料施用，以促进土壤肥力的提升。

对土壤质量较低的草地用地必须采取土壤改善措施。在贫瘠的沙质土壤上，需增加有机肥的施用量以促进土壤肥力的提升；为了降低土壤的酸性水平，添加适量的石灰粉是一种可行的措施；在碱性土壤条件下进行灌溉时，也应注意适当减少氮肥的用量，为了降低碱性土壤的 pH，可以施用酸性肥料或硫黄粉等具有酸性的营养物质。在改良土壤之前，需要测定土壤的酸碱值。如果发现土壤偏向碱性，pH 高于 7.5，则可以使用硫酸铵进行施药，每 $100m^2$ 使用 $1{\sim}2kg$。这样做可以将土壤的 pH 从 7.5 降低到 6.5。此外，也可以使用硫酸亚铁，每 $100m^3$ 使用 $1{\sim}2kg$，同样可以达到这种效果。在我国北方部分地区为了改善碱性土地的情况，人们经常使用硫酸亚铁（黑矾）、豆饼、人体排泄物和水进行配制，其配比为 $1:2:5:80$。将这些材料混合后，在阳光下暴晒 20 天，直到所有物质都分解为止，就可以制得矾肥水了。将制得的液体稀释后，将其施入土壤中，特别适用于碱性土壤，可有效发挥作用，并顺利降低土壤的 pH。在中国南方地区，人们使用硫黄粉末或可湿性硫黄粉剂来降低土壤中碱性物质的含量。硫黄粉使用后，除碱性的作用可以维持较长时间。要确定硫黄粉合适的使用量，需要考虑土壤中碱性物质的含量。土地在经过施肥并降碱降酸处理后，需要进行耕作操作，以便将肥料、石灰、硫黄等均匀混入土壤中。为了确保土壤质量，需要将翻土的深度控制在 20~25cm 之间。如果土壤质量较差，则翻耕深度应适当增加至 30cm 以上。要彻底清除翻耕后钩出的树根、杂草根等，以确保表层土壤透气性好，酸碱度适当，同时，应尽量使土壤松散。在进行地面翻耕后，需要依据草坪设计的仪器线来实施土面平整和勘察斜坡。如果土壤高度不符合设计要求，就需要把额外的土壤移到低处，以使草坪的高度在垂直方向上达到设计标准。

草皮的生长受草坪表层土的颗粒大小影响。为达到要求，通常需要进行 2~3 遍的机械或人工耙细作业。

（二）布置排水设施

为了更有效地排水，土地整理作业中需要对土面进行整平和找坡处理。当整理一般草坪时，应该使草坪中央的土层高于边缘土层，从中央到边缘形成倾斜的坡面，坡度通常在 2%~3% 之间。除非是特意设计成波浪状的草坪，一般草坪的土层坡度不宜超过 5%，这样能减少表面被水土冲刷的可能性。在有铺设道路的区域，需要将草坪或土地表面的高度降低 2~5cm，以确保雨水不会顺着草坪流在道路上。

如果草坪的面积比较小，则可以自然倾斜，让雨水自行排放。另外，可以在草坪周围挖浅沟来收集水流，把水流放到排水沟里面。这种方法能有效排水。面积较大的草坪需要采用更多的排水措施，单靠地表排水是不够的。下雨时，草坪内部积水难以迅速消散。

草坪的排水通常采用在地下设置排水暗管的方式，以确保有效排水。在施工之前，需要先按照草坪对角线挖出一条宽 30~45cm、深度为 40~50cm 的浅沟。接下来，在对角主沟的两侧分别挖出多条斜沟，斜沟和对角主沟的夹角应该是 45°，斜沟的终点处需要挖深 30~40cm。先挖好沟道，然后把直径为 6.5~8cm 的陶土管埋入沟道中。在陶土管的上方铺平一层小石块，再倒入碎石或煤渣，最后回填肥沃的表土，以便种植草坪植物。暗管排水系统的羽状分布是由斜沟内的副管和对角沟的主管共同组成的。在大面积的草坪上，可以设置多个排水管系统，但要确保其中的排水主管是平行排列的，并且每个主管的末端都与草坪边缘的集水沟相连接。这样可实现高效排水。

（三）布置供水设施

小型草坪观赏区域无须设置供水系统，可以使用手动喷洒的方式浇水。通常情况下，如果草坪面积较大，就需要安装独立的机械喷灌系统来进行供水。

草坪的机械喷灌系统由四个部分构成，分别是控制器、喷灌机、喉管和喷头。喷灌系统的高低调节方式包括自动升降和自动旋转两种。一般情况下，自动升降式喷灌系统会内置喷头，这些喷头通常会被埋在草坪表面之下。一旦控制器侦测到需要浇水，喷头将升高并开始以扫射式喷水的方式浇水。已经达到足够的水量了，喷水阀会自动关闭并隐藏在草坪下方。

在安装喷灌系统时，应根据喷头的射程调整供水管和喷头的敷设位置，以确保每个喷头的覆盖范围能够覆盖整个草坪，并达到均匀的灌溉效果。按照喷头的压力分类，喷灌系统可以分为两种类型，即远距离喷灌和近距离喷灌。远距离喷射式喷头的水压较高，使得水流射程更远；近距离喷灌喷口的喷射功率较低，水流的喷射距离也相对较短。草坪边缘的地下水泵坑可以作为喷灌机的安装位置，喷灌机的一端与供水管道相连，开启水源即可运作；在另一侧连接水泵管道，输送高压水流。喷水主管道设置多个分支管道，每个分支管道末端安装喷水头。在未完成草坪种植工程之前，只进行喷水管道的敷设，暂不进行水泵和喷头的安装，需要对水管口进行临时性堵塞，以防止泥沙和异物落入管道内部。管道安装完成后，需要埋入土中，并轻轻压实。

（四）草坪种植施工

草坪的排水供水设施已经铺设完毕，并且土地表面已经被平整细腻，就可以开始进行草坪植物的种植工作了。草坪可以采用草籽播种、草茎敷设、草皮移植或者植被带铺设等多种方式进行种植。

1.用播种法培植草坪

在播种草坪前，可采用浸泡法使草地土壤中的杂草种子发芽、生长，并清除幼苗，然后再进行草坪草种的播种。采取此举可在后续清除杂草时减少劳动成本。草坪的播种时间通常是在秋季或春季，但在夏季和冬季也可以适当播种，只要保证播种时的温度与草种所需的生长温度相近即可。

在草坪播种之前，建议进行发芽试验来识别有发芽困难的种子。如果出现种子发芽困难的情况，则可以使用 0.5% 的 NaOH 溶液浸泡种子，处理完毕后将种子用清水洗净并晾干后再进行播种。播种时，种子用量跟草坪幼苗生长的关系很密切。常见草种的播种量见表 3-2-8。

表 3-2-8　常见草种的播种量　　　　　　　　　单位：g/m²

草种名称	播种量		草种名称	播种量	
	正常播	密播		正常播	密播
普通早熟禾	6~8	10	羊茅	14~17	20
草地早熟禾	6~8	10	苇状羊茅	25~35	40
林地早熟禾	6~8	10	高株羊茅	25~35	40
加拿大早熟禾	6~8	10	多花黑麦草	25~35	40
匍茎剪股颖	3~5	7	多年生黑麦草	25~35	40
细弱剪股颖	3~5	7	冰草	15~17	25
欧剪股颖	3~5	7	地毯草	6~10	12
红顶草	4~6	8	假俭草	16~18	25
野牛草	20~25	30	猫尾草	6~8	10
狗芽根	6~7	9	结缕草	8~12	20
紫羊茅	14~17	20	格拉马草	6~10	12

2. 用其他方法培植草坪

（1）草茎撒播法

当气温较为温和的生长季节来临时，可以轻轻地将草坪切开并摇晃以去除多余泥土。随后，将匍匐嫩枝和草茎切割成 3~5cm 长的小段，并均匀地撒在整平且精细耙过的草坪土面上。然后，将一层薄薄的土覆盖在其上，并轻轻压实即可。需定期浇水，以保持土壤湿润。连续进行 30~45 天的积极管理后，该地区播种的草茎将会发芽。

（2）草棵分栽法

在初春时节，草坪上的植物开始重新焕发生机，这是配植草坪的最佳时机。首先，用铲子将草皮挖起，撕开匍匐茎和营养枝，将其分成小植株，再在草坪土地上以 30cm 的距离挖出浅沟。沟内铺一层细土或沙砾，并使其与地面齐平，沟宽 10~15cm，深 4~6cm。沟内放入适量有机肥，并加入少量的细土和水。其次，把草棵按照 20cm 株距，整齐地种在浅沟里。沟底要平，以便排水透气，且便于灌溉和施肥。在完成栽种后，需将浅沟的土壤充分填充，并进行压实处理，最后进行一次充分的透水灌溉。在灌水之前，先浇一遍水，然后把种子撒在上面。在接下来的 3 个月左右，草坪土面将被新草完全覆盖，因此需要定期浇水保湿。采用该方法培植草坪，草种草皮 $1m^2$ 通常可分为 $7\sim25m^2$ 不等。

（五）草坪的管护

种植施工完成后，草坪的丰满生长需要经过 $1\sim2$ 个月的精心养护，便可呈现出令人赞叹的美丽景象。为了确保草坪景观的长久持续，必须对其进行定期的养护和管理，以保持其良好的生长状态。

在草坪的生长过程中，常常会受到杂草的侵袭，因此对其进行定期的清除工作是草坪管理的一项至关重要的任务。杂草种类繁多，分布广泛，危害严重，必须及时清除，否则会降低草种质量和产量。通常情况下，清除杂草的任务是由人工完成的，需要特别注意对杂草的根部进行彻底的清除。

在草地管理中，频繁浇水是一项至关重要的任务，这是因为如果遇到干旱天气，草地就会失去水分，从而导致草类生长不良，甚至枯死。在干旱季节，一般采用人工灌溉方式，可以在草坪上安装一套自动喷灌系统，该系统能够自动为草坪浇水，而在平时则主要负责喷灌机械的管理和维护。如果使用手动喷雾机或其他设备，则必须将水送到指定地点。对于缺乏自动喷灌系统的情况，必须依赖人工进行灌溉操作。最佳浇水时间为清晨和黄昏。在生长期内，应根据土壤的干燥情况，每月进行 $2\sim5$ 次浇水，每次都要确保充分浇水。

草坪的整洁和景观的美观，以及草茎生长的促进，都离不开对草坪进行经常性的修剪。修剪的目的主要是使草坪上有规律地分布许多细小且密集的芽丛，以增加草坪覆盖度，提高抗风性能。在草坪面积较小且缺乏剪草机的情况下，一般采用长剪进行人工修剪，以确保修剪工作的质量和高效性。长剪对杂草种类不敏感，只要能满足草坪生长发育需要即可。在春夏生长迅速的季节，每经过 $10\sim15$ 天都需要进行一次修剪以促进植物的健康生长。修剪后，要及时用清水冲洗干净并将杂草全部清除。在生长缓慢的季节，每月进行 1 次修剪是一种可行的做法。在一般的草坪修剪过程中，所剪去的草的长度应当保持在 $6\sim10cm$，而留下的草基则应当保持在 $2\sim3cm$。这样既有利于草坪的养护管理又能防止草被压死，保证了良好的通风透光条件，从而促进了植物的正常生长发育，达到理想效果。

通过对草坪进行施肥可以促进植物叶片的自然生长和发育，从而保持其优美的色泽和强劲的生长势头。由于草坪建成后施用有机肥会对景观造成不良影响，同时卫生状况也不佳，因此在进行草坪施肥时，一般会采用化学肥料进行追肥处理，以替代有机肥。在施用化肥的过程中，必须同时浇水，以达到最佳的施肥效果。草籽肥可采用复合肥，但注意不能使用尿素，因为尿素容易分解为氨、二氧化碳等有害气体。尿素、硫酸铵和碳酸铵是施用氮肥时常用的三种肥料；在施用磷肥的过程中，通常会使用过磷酸钙和磷酸铵这两种化合物；钾肥必须在充分腐熟后才能使用。在施用钾肥的过程中，常常会使用硫酸钾和氯化钾这两种矿物质。不同肥料对作物生长有较大影响，应根据具体情况合理搭配使用。在混合施肥时，建议使用氮、磷、钾的比例为 5 ： 4 ： 3，以达到最佳施肥效果。施入土壤中的肥料必须与其他养分充分搅拌均匀才能被植物吸收利用。对于每一种化肥的使用，必须严格控制其浓度，因为过高的浓度会对草苗造成伤害。

对于那些因被踩踏过度而逐渐衰退的草坪，需要进行适当的休息和恢复，以保持其生命力和使其焕发新的生机。在干旱或有水条件下，可采取灌水方法恢复植被。若草坪因过度踩踏而导致土壤板结和草皮裸露，应立即采取临时性围栏将草坪围住，以使人们暂时无法进入。对于已枯黄的草，可在冬季将其全部拔除并修剪成低矮的灌木或草本。对草坪进行必要的松土、施肥、补种和浇水，以促进其快速生长和发育；同时，还可在草坪上种植一些耐荫植物如香石竹等来遮阴降温。

当草坪经过多年的退化后，需要采用一系列措施来促进其更新和再生，以保持其生命力和活力。下面介绍几种常用的更新技术：一种可行的方案是，在草坪上进行松土和钻孔，随后在孔内添加适宜的草种，并进行适当的浇水和养护。此法可以促进草生长而不损伤根或芽。第二种是采用断根更新技术，使用特制的钉筒，定期在草坪上反复滚动和挤压，以达到更好的效果；当杂草被压死后，用钉尖把其根部与土壤分离开来。钉筒上钉着约 10cm 长的钉子，可以把草坪地面上扎出很多洞，把一些老根割掉；接着，将肥料注入孔洞内，以刺激新的根系生长，再施适量复合肥后覆盖薄膜即可形成一个覆盖层，最终可实现草坪更新的目标。第三种方法为一次更新，采取的措施是彻底清除所有衰败的草皮，清除所有草根，重新进行播种和浇水，以培育出新的草坪。这种方法适用于所有的老化和不健康的草坪，尤其适宜用于大面积更新草坪。无论采用何种处理方式，都必须加强水肥管理，以确保草坪得到全面更新。

第三节　照明工程施工方案及技术

园林景观照明的重要性不仅在于为夜间游园活动、节日庆祝活动和保卫工作等提供照明功能，更在于其与园景的紧密关联，是打造全新园林景观的重要手段之一。园林景观照明包括园路照明、绿地照明、广场照明、雕塑照明、水景照明等。下面就它们的施工知识，进行逐一介绍。

一、园路、绿地照明基础知识

（一）园路、绿地照明的原则

园路和绿地的照明，因其多变的用途和复杂的环境条件，难以被硬性规定，在设计时必须遵循一系列原则。

①园林景观的特点决定了照明措施的布置应该以最大限度地展现其在灯光下的景观效果，而不是泛泛而谈地设置。

②在选择灯光的方向和颜色时，应以提升树木、灌木和花卉的美观程度为首要考虑因素。对于乔木类树种应以明亮为主，对于花叶类应视其生长情况而定。对于针叶树而言，只有在遭受强光照射的情况下，其反应才能达到最佳状态，因此，一般建议采用阴影处理技术。举个例子，对于泛光照明而言，白桦、垂柳、枫等阔叶树种表现出了出色的响应能力；白炽灯采用反射型设计，而卤钨灯则可为红色、黄色花卉增添色彩，使其更加鲜艳动人。此外，使用小型投光器还能为局部花卉增添绚丽夺目的色彩；汞灯照亮了树木和草坪，使其呈现出令人惊叹的翠绿色。

③对于公园绿地的主要园路，建议在高度为 3～5m 的灯柱上安装低功率路灯，每根灯柱之间的距离应该保持在 20～40m 之间。如果需要增加照度，也可以每根灯柱安装 2 盏灯，这样就会更加明亮。可以在植物间设小平台或遮阴网进行人工遮阳，还可以通过设置隔柱来控制灯光的开关，从而实现照明的调节。如

果有条件的，则可以安装电动照明灯或小型风力发电机，还可以用路灯灯柱安装150W 密封光束反光灯，照亮花圃、灌木。如果将园林内原有的照明灯具改为固定式或移动式则更方便实用。在一些局部的人工山丘和草坪上，可以设置地灯进行照明，但如果需要在其内部安装灯具，则必须确保其高度不超过 2m。

④在规划公园绿地和园路的照明灯时，需留意路旁树木对道路照明的影响。为避免树木遮挡，可适当减少灯间距，提高光源功率以减少树木遮挡所造成的光损失。此外，根据树木的形态和高度，安装照明灯具时，可采用较长的灯柱悬臂，使灯具突出树缘外或改变悬挂方式，以弥补光损失。

⑤无论是在白天还是在夜晚，照明设备都必须隐蔽于视野之外，因此，最好采用电缆线路进行全面铺设。

⑥使用彩色装饰灯可以营造出节日氛围，尤其是在水中表现得更加优美，但这种灯光难以营造出宁静、安详的氛围，也难以展现大自然的壮观景象，只能有限度地运用。

（二）照明设计的顺序

①明确照明对象的功能和照明要求。

②选择照明方式，可根据设计任务书中公园绿地对电气的要求，在不同的场合和地点，选择不同的照明方式。

③光源和灯具的选择，主要根据公园绿地的配光和光色要求、与周围景色配合等来选择光源和灯具。

④灯具的合理布置，除了要考虑草坪光源光线的投射方向、照度均匀性等，还要考虑经济、安全和维修方面等。

⑤进行照度计算。

二、园路照明

（一）园路照明设计原则

在园林景观环境中，路灯作为一种反映道路特征的照明装置，为夜间交通提供了必要的照明服务；园林小品则以其特有的功能，成为城市一道亮丽的风景。照明装饰注重于艺术性和装饰性，通过各种光源的直射和漫射，以及灯具的造型和各种色彩的点缀，创造出和谐而舒适的光照环境，为人们带来美的享受。在照明设计时不仅要考虑功能上的需要，还要注重其艺术效果。在设计过程中，需要特别关注以下五个方面：

①照明设施是塑造环境特征的重要元素之一，其作用不仅限于夜间照明，良好的设计和配置还必须充分考虑其在白天所呈现的景观效应。灯具的设计应当与灯柱的形态相协调，同时与周围建筑、树木、花草等环境的关系和尺寸相协调，以达到最佳效果。有些建筑物由于灯光布置不当，往往会造成"亮而不美"的现象。有时候，甚至需要对灯柱的表现进行淡化，以便将其与其他沿路设施（如护柱和建筑外墙等）相互衔接。照明设备应具有一定的装饰性，以增强整体美感，提高视觉舒适性。在考虑隐蔽照明设施时，需留意其位置与附着物和遮挡物的相互关系，最大限度地减少在白天的暴露。

②在主要园路和环园道路中，路灯的高度、造型、尺度和布置应当保持连续性、整洁性和一致性，以达到最佳照明效果。在具有历史、文化、观光和民俗特色的区域中，光源的挑选和路灯的设计必须与周围环境相适应，并展现出独特的个性。

③路灯的视觉效果和设计要求因视距的不同而异，因此需要根据不同的视距进行调整。路灯设置在漫步小道或小区时，要注重整体造型的协调，凸显其独特之处，与周边路灯相比，更加注重细节造型的处理。高柱灯的整体造型、灯具处理和位置设置等方面的细节处理和装饰艺术并不是必须追求的。

④在街区照明中，艺术性被视为至关重要的因素，因为照明质量的重要性不容忽视。照明的"量"体现在灯具数量和布置方式上。照明的品质在于其所呈现的亮度和电光源的色度，这两者共同构成了照明系统的"质"。灯源的高度、间距和照度是衡量照明质量的重要指标。在同一地区内，由于人口密集程度和经济发展水平差异较大，因此人们对照明的需求也各不相同。不同区域的城市环境对于照明的品质和数量都有独特的要求，需要根据实际情况进行个性化定制。对于繁华商业街、旅游风景区、站前广场等场所，路灯的照度要求较高，以追求视觉上的愉悦和真实感。针对普通步行道和住宅区，需要采用不同的光照条件。

⑤通常情况下，路灯的照明范围（光束角）被限制在车行道和人行道上，分为三个档位。第一级完全隔离，只允许10%的光束射入人行道之外的区域；第二

档是不完全阻隔的，30% 的光束可以渗出；在第三个档位上，光束不受任何限制，也不会受到任何干扰。通过对现有道路总宽度和路灯照射范围的综合分析，可以确定路灯的高度，或者通过对现有路灯高度的测算，得出道路的总宽度。

（二）路灯

在城市环境中，路灯作为一种能够反映道路特征的照明装置，被布置在城市广场、街道、高速公路、住宅区和园林路径，为夜间交通提供了照明服务。在城市环境空间，路灯作为一项重要的分划和引导因素，在街区照明中占据着数量最多、设置面最广、高度相当的位置，因此在景观设计中需要被特别关注。

1.路灯的构造

路灯的构成要素包括光源、灯具、灯柱、基座及基础。

光源在照明中具有重要作用，不仅可以改变颜色，而且还可以调节温度，选择合适的光源对节能非常必要。白炽灯、卤钨灯、荧光灯、高压汞灯、高压钠灯和金属卤化物灯，是广泛应用于照明领域的多种光源。在挑选光源时，必须考虑光源的亮度和色度这两个基本要素。

灯具可根据需求对光源发出的光线进行分配，包括点状、局部和均匀照明等多种形式。不同用途、功能或造型的灯具有不同的配光方法和技术特点。在灯具的设计中，必须确保光线的分配合理，同时提高灯具的效率。

灯具的照射范围取决于路灯柱的高度和布光角度，有时候建筑的外墙和门柱也能够充当支撑灯具的重要角色。灯柱的高度和距离可以根据环境场所所需的配光标准来确定，以确保照明效果最佳。

基座和基础在固定灯柱的同时，将地下敷设的电缆引入灯柱中，以确保其稳定性和可靠性。部分路灯的基座还设置了维修通道。

鉴于灯柱所处环境的多样性，对于照明方式、灯具、灯柱和基座的造型、布置等方面，必须提出一系列综合要求，以满足不同需求。路灯的存在不仅仅是为了照明，更是为了满足人们心理和生理上的需求，这种需求在路灯的不同分类中得到了充分的体现。

2.路灯的分类

①低位置的路灯在其所处的空间环境中，能够营造出一种温馨、亲切的氛围，以较小的间隔为人行走的路径提供照明。在建筑内部或庭院中布置灯光设备时可

采用此种方式。这类灯具可嵌入于园林地面或建筑物的入口踏步和墙裙之中。

②步行街内的路灯和灯柱高度介于1～4m之间，灯具种类繁多，包括筒形灯、横向展开面灯、球形灯和可控制方向的罩灯等。这些路灯均采用铝合金或钢化玻璃制成，表面涂漆后再喷涂一层白色涂料。这类路灯通常被设置在道路的一侧，可以等距离排列，也可以自由布置，以提高行车安全，是一类集照明与艺术为一体的新型照明灯具。灯具和灯柱的设计凸显了独特的个性，同时注重细节的处理，营造出中、近距离下人们视觉上的和谐。

③一般情况下，停车场和干道路的灯灯柱高度介于4～12m之间，其光源强度较高且距离较远，一般为10～50m。

④在工厂、仓库、操场、加油站等规模较大的区域空间内，高度介于6～10m之间的照明设备被称为专用灯和高柱灯。该场所所提供的照明范围不仅限于交通路面，还包括与场所相关的各种设施以及夜间活动场地。

高柱灯，作为一种区域照明装置，其高度介于20～40m之间，其照射范围远大于专用灯，通常被设置在站前广场、大型停车场、露天体育场、大型展览场地、立交桥等场所。高柱灯以其独特的造型及良好的节能效果而成为一种新型灯具，已被广泛使用在各种场合。

（三）布灯形式

1.杆柱照明方式

照明灯具安装于15m以下灯杆顶部，沿路设置灯杆这一方法应用最广，常用于城市道路和高速公路两侧或桥梁附近等地方。其独特之处在于，灯杆可随意设置于需要照明的场所，同时还能根据道路线形的变化进行照明灯具的配置。这样就避免了因使用大量的照明设备造成能源浪费和环境污染等问题。由于每一盏照明装置都能够有效地照亮道路，可以降低灯光的通量，而且灯泡容量较小，经济实用，还可以在弯道上提供出色的引导效果。因此，其适用范围涵盖了道路、立体交叉、停车场、桥梁等多个领域。

2.高杆照明方式

多个高功率光源被安装在15～40m的高杆上，以少数高杆进行大面积照明，这种照明方式适用于复杂的立体交叉、汇合点、停车场、高速公路的休息场、广场等大面积照明场所。它利用高大建筑物顶部与地面之间形成一个密闭空间，将灯光引入这个空间中，使之成为一种特殊形态的灯具或装置，从而达到对整个环境照明效果的要求。

高杆照明的构造包括柱式和塔式，而灯架则分为可升降和不可升降两种形式。维修可升降灯盘十分便捷，可携带1～2名工作人员升至顶部进行检修。该设备的电力供应方式包括触控式和可移动的柔性电缆系统，常用触头式或移动软电缆式供电。调整灯具的瞄准点是一项具有挑战性的任务，这种形式难以实现。可供选择的升降方式包括升降机、电动绞车、3～4支小型灯杆，以及手动操作绞车。

固定式灯盘是不能升降的。在进行检修时，唯有依靠工作人员攀爬楼梯或使用高架车辆才能完成。其优点是有助于调整灯具的瞄准角度至灯盘上；其缺点是上下操作不便，特别是在恶劣天气下，存在较高的危险性，维护难度较大。

在选择高杆照明方式时，必须综合考虑需求和具体条件，并进行技术和经济方面的比较，方可做出明智的决策。

3. 悬链照明方式

悬挂线是一种用于悬挂的线路。由于这些杆柱体与地面之间有一定高度差，因此，悬链可以将灯具及电源直接从高处向低处传递，从而使灯光能均匀地照射在整个空间。在较远的杆柱上悬挂钢索作为吊线，悬挂多个照明灯具，这些灯具通常具有较小的间隔。这一种照明方式被归类为悬链照明。

4. 高栏照明方式

在车道两侧距离地面1m高的位置，沿着道路轴向设置照明装置的方式被称为"高栏照明"。在道路狭窄的区域，采用此种方式是一种可行的选择。它可使驾驶员清楚地了解前方车辆和行人的情况，并能及时采取措施避免事故发生。应在道路弯曲的区域设置限制，以避免眩光的产生。通常采用将灯立柱置于车辆前方或后方以降低眩光的办法。这种照明方式的优越之处在于无需灯柱，即可呈现出一种优美的视觉效果。采用特殊设计的灯具可以节省大量钢材。这种照明方式的不足之处是照明设备易受污染，其建设和维护成本相当高昂。

三、绿地照明

树叶、灌木丛和花草等以绚丽多彩的色彩、和谐有序的排列和优美的形态，成为城市景观不可或缺的重要组成部分。随着科技的进步与发展，人们对植物景观也提出了更高的要求。在夜晚的环境中，通过投光照明，植物得以展现出其独特的光学特性，从而摆脱了白天的单调重复，呈现出别具一格的夜晚景观。

（一）园灯的配置、设计、使用条件

所有与门柱、走廊、亭舍、水边、草地、花坛、塑像、园路相交的地方、阶梯、丛林，以及主要建筑物和干道等位置，均应设置园灯以照明。在园林中，园灯是不可缺少的点缀物之一，也可作为装饰环境或美化建筑景观的手段。园灯能够使园景的明暗交错呈现出倍增的变化，以及神秘的、梦幻的及诗境般的感觉，从而营造出一种独特的氛围。

园灯既可作为独立的造型存在，也可与庭院建筑物（如亭楼阁塔或门柱）相得益彰，共同构成一幅美丽的景象。

为了营造一个良好的园林环境，应该采用一种类似于画室自然光线的照明方式，即从上方均匀地投射光线。由于这种光源于地面投射而缺乏自然性，因此仅适用于有特殊需求的情况。这种光源最好高达 6m 以上，光度以小于 150W 为宜。

（二）植物灯光照明应遵循的原则

探究植物的普遍几何形态（如圆锥、球形、塔形等）以及其在空间中呈现的程度，是我们研究的重点。应该根据不同植物的特点确定光源和照明方式，并选择相应的灯具。各种植物的几何形状必须与照明类型相符合，以确保照明效果的最大化。

对于那些淡色的、矗立在天空中的植物，借助强光照射，可以呈现出一种优美的轮廓效果。

树叶原本的色彩不应受到某些光源的影响，但是，通过使用某种色彩的光源，可以有效地增强某些植物的外貌。

随着季节的更替，许多植物的外观和色彩也在不断变幻。为了适应这种变化，照明系统也应该得到相应的调整。因此，对植物进行适当的照明就显得尤为重要了，应在照明物周围的一个或多个位置观察照明目标，需留意消除眩光的影响。

通常情况下，从远处观察，成片树木的投光照明被视为背景设置，不会单独考虑个别目的，而是仅关注它们的色彩和整体形态的大小。如果欲从近处观察目标并直接对其进行评估，则需对其进行独立的光照加工。

一般情况下，对于未成熟或未展开的植物和树木，不会施加任何装饰或照明措施。

光源的色彩应当遵循科学合理的原则，而被照射的物体所呈现的色彩则必须符合美学准则，以避免引起人们的厌倦情绪。

（三）照明设备的选择和安装

1.选择照明设备的原则

①照明设备的挑选（包括型号、光源、灯具光束角等）主要取决于被照植物的重要性和要求达到的景观效果。

②所有灯具都必须是水密防虫的，并能耐除草剂与除虫药水的腐蚀。

③经济耐用。

④某些光线会诱来对植物有害的生物（昆虫），选择时必须加以注意。

2.灯具的安装

投射植物的灯具安装要注意做到以下几点：

①考虑到白天整体环境的美观，饰景灯具一般安装在地平面上。

②为了确保绿化维护设备的正常运行，特别是草坪修剪工作不受灯具的干扰，建议将灯具固定在混凝土基座上，其高度应略高于水平面。对于仅有单一观察点的情况，这种灯光布置方式更为适宜，但对于环绕目标的移动，可能会导致眩光的出现。另外，由于灯具不能完全覆盖整个区域，需要使用适当尺寸的遮光板以保证足够大的视场范围。在出现此种情况时，应将照明设备安装于一条沟内，该沟能够同时保证设备的防护和光学定向的适宜性。

③将投光灯安装在灌木丛后或树枝间是一种可取的方法，这样既能消除眩光又不影响白天的景观。

④灯具和线路的安装使用必须确保进入绿地人员的安全。

（四）树木的投光照明

1.树木投光的常用方法

①投光灯一般放置在地面上，根据树木的种类和外观确定排列方式。有时为了更突出树木的造型和便于人们观察欣赏，也可将灯具放在地下。

②如果想照明树木上一个较高的位置（如照明一排树的第一个分枝及其以上部

位），可以在树的旁边放置一根高度等于第一个分枝的小灯杆或金属杆来安装灯具。

③在落叶树的主干枝条上，嵌入一串功率较低的白炽灯泡，能够营造出令人惊艳的装饰效果。这种安装方式通常在寒冷的季节采用。由于树体温度高，容易造成烧坏灯泡和损坏灯座，要特别注意选择适宜的季节进行安装。在夏季，由于树叶与灯泡的接触，导致树木遭受烧伤，这不仅会对树木造成不利影响，还会对照明效果产生负面影响。

④对于必须安装在树上的投光灯，其系在树杈上的安装环必须适时按照植物的生长规律进行调节。

2. 布灯方式

树木的投光造型是一门艺术，常见的树木投光照明的布灯方式如下：

①对一片树木的照明，用几只投光灯具，从几个角度照射过去。照射的效果既有成片的感觉，也有层次和深度上的变化。

②对一棵树的照明，用两只投光灯具从两个方向照射，成特写镜头。

③对一排树的照明，用一排投光灯具，按一个照明角度照射，既有整齐感，也有层次感。

④对高低参差不齐的树木的照明，用几只投光灯，分别对高、低树木投光，给人以明显的高低、立体感。

⑤对两排树形成的绿荫走廊照明，对于由两排树形成的绿荫走廊，采用两排投光灯具相对照射，效果很佳。

（五）花坛的照明

如果花坛中有各种各样的颜色，就要使用显色指数高的光源。白炽灯、紧凑型荧光灯都能较好地应用于这种场合。

（六）植物群落的照明

植物群落，是由乔、灌、草、花四种元素交织而成的错落有致、高低起伏的生态系统，是构成园林景观的主要组成部分。在照明设计中，将所有的植物景观照亮并不是一项切实可行的任务，也毫无必要。因此，在设计照明方案时，优先考虑的是灯光环境的整体构思，以选择最合适的照明点，从而呈现出植物景观的独特特征群落。

（七）花境（带）照明

在花境（带）的照明环境中，线形照明空间的设计必须注重展现线形的韵律和起伏之感。根据花卉品种、植株形态等特点，在配置时可以采用静态与动态相结合的方法。采用跳跃闪烁的灯光方式，可以为空间注入活力和丰富内涵，可选用草坪灯、埋地灯或泛光灯等多种照明灯具，沿着花境（带）均匀布置，勾勒边缘线，凸显花境（带）舒展、流畅的线形。

（八）草地照明

作为绿地灯光环境的基础，草地照明设计应当以简洁、明快为原则，以更好地凸显主要景观为目标。草地植物种类繁多，光照条件各异。光源对低照度和显色性的要求并不严格。

在绿地周围，低矮的草坪灯或泛光灯被均匀地布置，形成一串串有韵律的光斑，与绿地中花丛（带）、树丛，三五成群地布置，星星点点的灯光也别有一番趣味。例如，在公园内配置大型植物和花坛等景观小品时，可采用点光源与散射光相结合的方法进行照明，使空间更加丰富多彩。对于那些以广阔的草坪为主景的绿地，可以运用埋地灯的巧妙组合，创造出令人惊叹的光影效果。

四、广场照明

为了满足大型公共建筑、纪念性建筑和广场等环境的视觉和装饰需求，广场的照明设计应采用户外照明技术，以营造出一种独特的视觉和装饰效果。广场照明的特点是利用各种灯具进行灯光控制，使之具有一定的色彩变化，并与周围建筑物相协调，形成一个和谐、统一的空间形象。作为广场设计的一项辅助工具，广场照明能够提升广场在夜间的艺术表现力，丰富城市夜间景观，为人们提供夜间娱乐、体育等活动。

在商业和节庆活动中，广场夜间的照明系统得以启动。这种方式不仅使城市变得美丽而且给人们带来了美的享受。自19世纪开始，串灯被广泛应用于大型公共建筑和广场的边缘，形成了优美的建筑物和广场轮廓线照明，成为现代照明技术的重要组成部分。为了满足广场的照明需求，目前广泛使用泛光灯进行照明。

（一）广场照明光源

广场夜间的照明应当根据照明效果的不同，采用多种不同的照明光源，以达到最佳的照明效果。白炽灯和高压钠灯因呈现出金黄色而适用于需要提供温暖色调的受光区域；荧光灯适用于不要求暖黄色调或有明显黄白色调的场合；汞灯具有长久的使用寿命和卓越的光效，呈现出的白色光带有清新的蓝绿色调；金属卤化物灯的光线呈现出明亮的白色，适用于需要进行冷色处理的受光表面。在设计灯具时，必须考虑其发光特性。光源的照度值应当根据受光面所采用的材料、反射系数和所处的位置等多种条件进行综合考虑和确定。

（二）广场照明设计原则

通过采用多种照明方式进行构图设计，可以呈现广场造型的轮廓、体量、尺度和形象等方面的信息。通过利用照明位置，在近处可以观察广场的材料、质地和细节，而在远处则可以清晰地观察到广场的形态。应根据场地特点选择适当的灯光照射方向和角度。

通过运用照明技巧，可以营造出广场的立体感，使其与周围环境相得益彰或形成强烈的对比效果。

通过运用光源的显色技术，可以将光线与广场绿化融为一体，从而表现出树木、草坪、花坛的绚丽多彩、清新怡人。

（三）广场照明手法

广场是一个包括展览、集会、休息和交通等多种场所的广阔空地。本书主要介绍狭义的广场，即在道路两侧或建筑物之间设置的供人们休闲娱乐用的场所。对于需要进行电气照明的广场，也就是人、车、物集散的广场，我们需要进行详细的阐述。

广场照明的运用取决于受照对象的材质、形象、体量、尺度、色彩及所需的照明效果，同时也受周围环境的影响。

照明的技巧通常涵盖了光线的隐显、抑扬、明暗、韵律、融合、流动等多个方面，同时还需要与色彩进行巧妙的协调。在各种照明技术中，泛光灯的数量、位置和投射角度是至关重要的因素。在夜幕降临之时，广场的细节呈现出强烈的亮度依赖性，而泛光灯具可以根据需要进行远距离或近距离的微调。如果要获得良好的视觉效果，就必须考虑照度对人的视觉影响问题。为了营造上部和下部亮度相等的视觉效果，需要确保照面上部的平均亮度比下部高出 2～4 倍。

1. 展览会会场

通过展览会中的照明，可以营造出一种隐秘的氛围，控制人流，呈现出充满时代气息的明亮景象，让夜幕下的景象焕然一新。

建筑设计和照明设计必须紧密结合，以确保在展览会上呈现出卓越的照明效果。展览设计者要考虑观众对展品的兴趣以及展品本身所具有的吸引力等因素。在展览中，创新和独特性是最为重要的元素，能够为观众带来前所未有的体验和感受。照明工程师应了解展览场地和展品本身的特性。在推广新光源、新灯具的过程中，照明技术有机会获得更广泛的应用。

2. 集会广场

由于聚集了大量人群，集会广场通常采用高杆灯进行照明，以达到更好的照明效果。为避免对集会造成干扰，建议应避开广场中央的柱式灯。为了确保人群活动的最佳观赏效果，必须严格遵守标准照度和良好的照度分布，以保证光线的均匀分布。在室外光线较弱处也应适当考虑灯光配置，要使其亮度适中、均匀一致，最好选用具有出色显色性的光源，以达到最佳的视觉效果。灯具应尽量靠近人行走的方向并与人流保持适当距离，以防止人在灯光下产生眩光。在需要设置高杆或建筑物侧面的投光照明时，应采用格栅或调整照射角度，以最大限度地减少眩光的影响。

在广场照明中，以提供休息为主要目的的照明方案最适宜采用温暖色调的照明灯具。考虑到维修和节能方面的需求，建议使用汞灯或荧光灯，同时可以考虑在庭院中使用光源和灯具。

3. 交通广场

人员和车辆在交通广场上汇聚，形成了一个重要的集散中心。在人群密集的区域，使用具有出色显色性的光源是必要的，而在车辆密集的区域则需要使用高效的光源，但必须确保能够从远处识别车辆的色彩。车站内的照明设计应该与周围建筑融为一体。确保公共汽车站这样人口众多的场所得到充足的照明，以满足人们的出行需求。车站中的道路应该与建筑结合得很好，使之具有一定的美感，并有较高的亮度。由于旅客流动量较大，火车站中央广场的照明设施容易受到灰尘和其他污染的影响，照明灯具必须具备易于清洁的特点。

在进行高顶棚照明时，建议采用高效的灯具与高压汞灯相结合，这样可以获得高达 25%～90% 的照明效果。

五、雕塑照明

为了提升夜间的视觉享受，需在雕塑或纪念碑周围施以照明之力。一般情况下，人们都是用投光灯来照亮建筑物及附近景观。该种照明方式主要采用向光源投射光线的方式。在进行照明设计时，必须根据所设计的照明效果，精确计算所需的光照强度，选择最适合的照明设备，并最终确定照明器的最佳安装位置。

（一）灯光的布置

当投光灯靠近被照体时，雕塑材料的缺陷会显露出来，而如果距离过远，则会导致受照体的亮度变得过于均匀、平淡，从而使得受照体失去了吸引力。因此，在选择照明器的安装位置时，应当斟酌考虑，以确保照明效果达到最佳状态。为了确保周围环境不受眩光和邻居的干扰，建议在投光灯上安装罩子或格栅，以提供更好的照明效果。

（二）声和光的并用

对于不同类型的历史性雕塑或纪念碑，除了运用光影和色彩外，还可以通过声音的运用，创造出丰富多彩的视觉效果和艺术价值。另外，可利用发光二极管作为光源，它具有亮度高、寿命长等特点。因此，随着电路数量的增加，照灯光所呈现出的效果也会随之呈现出多样化的特征。

为了确保白天的景观不受损害，同时不会对游人造成干扰，必须谨慎地隐藏或伪装照明灯具和布线设备等。

（三）雕塑、雕像的饰景照明技术要点

处于地面上的照明目标孤立地位于草地或空地中央。此时灯具的安装应尽可能与地面平齐，以保持外观不受影响，以及减少眩光的危险。灯具也可装在植物或围墙后的地面上。

坐落在基座上的照明目标孤立地位于草地或空地中央。为了控制基座的亮度，

灯具必须放在更远一些的地方。基座的边缘不能在被照明目标的底部产生阴影，这也是非常重要的。

坐落在基座上的照明目标位于行人可接近的地方。通常不能围着基座安装灯具，因为从透视上说距离太近而只能将灯具固定在公共照明杆上或装在附近建筑的立面上，但必须注意避免眩光的出现。

六、喷水池和瀑布的照明

1. 喷射的照明

在水流喷射的情况下，将投光灯具装在水池内的喷口后面或装在水流重新落到水池内的落下点下面，或者在这两个地方都装上投光灯具。

水离开喷口处的水流密度最大，当水流通过空气时会产生扩散。由于水和空气有不同的折射率，使投光灯的光在进出水柱时产生二次折射。在"下落点"时，水已变成细雨。投光灯具装在离下落点大约 10cm 的水下，使下落的水珠产生闪闪发光的效果。

2. 瀑布的照明

①对于水流和瀑布，灯具应装在水流下落处的底部。

②输出光通常取决于瀑布的落差和与流量成正比的下落水层的厚度，有时还取决于流出口的形状所形成水流的散开程度。

③对于流速比较缓慢，落差比较小的阶梯式水流，每一阶梯底部应装有照明。线状光源（荧光灯、线状的卤素白炽灯等）最适合于这类情形。

④由于下落水的重量和冲击力可能会冲坏投光灯具的调节角度和排列，应牢固地将灯具固定在水槽的墙壁上或加重灯具。

⑤具有变色程序的动感照明，可以产生一种固定的水流效果，也可以产生变化的水流效果。

七、照明工程施工技术

（一）施工工艺流程

施工准备→预留、预埋→支架和吊架安装→配管、配线→管内穿线→线槽安装→设备配线→电缆敷设→设备、灯具安装→系统检查、调试。

（二）预留预埋

1. 电气配管

所有的配管工程均需遵循设计图纸，严格按照图纸施工，不得随意更改管材的材质、设计方向或连接位置，以确保施工质量和安全。任何不符合设计规范要求的材料均应进行重新加工制作，以满足使用功能。如欲更改位置和方向，则需进行相应的变更手续。

暗配管要沿着最近的线路铺设，尽量减少弯头数量，并将管外壁埋在墙内或地面混凝土内与结构表面之间的距离不少于30mm。当管路长度超过一定阈值时，应在其内部安装一个专门用于连接的盒子以确保管路的正常运行。接线盒的安装位置应当考虑线路穿越和维护的便利性，同时需要避免在潮湿、具有腐蚀性介质的环境中使用。

在进入配电箱时，应当使用配电箱的敲落孔，并锁紧螺母固定。当连接牢固后，应将管螺纹露出2～3个扣，以确保安全。对有条件安装低压电缆和高压导线的地方，可采用专用管接头，以减少接线数量。明配钢管要整齐排列，固定点之间的距离要均匀，距终端、转弯点、电气器具或者接线盒、箱边缘通常有200mm。

2. 箱盒预埋

箱盒预埋采用做木模的方法，具体做法是：在模板上先固定木模块，然后将箱、盒扣在木模块上，拆模后预埋的箱盒应整齐、美观，不会发生偏移。

（三）桥架及线槽安装

施工程序：定位→固定支架→线槽安装→保护接地→槽内配线→线路检查及绝缘摇测。

桥架及线槽跨过伸缩、沉降缝时，应设伸缩节，且伸缩灵活。

桥架弯曲半径由最大电缆的外径决定，桥架各段要连为一体，头尾与接地系统可靠连接。

（四）配管接线

施工程序：选择导线→穿带线→扫管→放线→导线与带线绑扎→带护口→导

线连接→导线包扎→线路检查绝缘摇测。

在施工过程中，需特别留意不同的相线和一二次线之间的差异，采用不同的线色进行区分，并在必要时进行标识。导线不能直接暴露在空气中，多股铜芯线截面小于 2.5mm 时，应先拧紧搪锡端子或压接端子，然后再连接到设备、器具端子。导线接头应严密可靠且不渗水。在无特别规定的情况下，导线可通过焊接压板或套管进行连接。

（五）电缆敷设

在进行电缆敷设之前，必须对电缆进行全面细致的检查，确保其规格、型号、截面电压等级均符合设计要求，并且外观不存在任何扭曲或损坏的情况。对可能出现的缺陷应认真查找原因，采取相应措施予以消除和防止。对电缆进行绝缘摇测或耐压试验，以确保其符合相关要求。

在选择电缆盘时，必须仔细考虑实际长度是否与敷设长度相符，并绘制详尽的电缆排列图，以便最大限度地减少电缆之间的交叉影响。

当敷设电缆时，按先大后小、先长后短的原则进行，排列在底层的先敷设。

标志牌规格应一致，并有防腐性能。

（六）灯具、开关箱等低压电器安装

对安装有妨碍的模板、脚手架必须拆除，墙面、门窗等装饰工作完成后，方可安装低压电器。

在进行灯具及开关箱等的安装时，需要特别关注低压电器的外观质量和标高位置的准确性和可靠性，以确保安装过程的高品质和安全性，再根据设计图的位置和高度，进行灯具的安装操作。

八、灯具的安装

（一）园灯安装

1. 园灯的功能及其布置

（1）园灯的功能

一方面，保证了园路夜间的交通安全；另一方面，园灯也可结合造景，尤其

对于夜景，园灯是重要的造景要素。

（2）园灯的布置

在公园入口、开阔的广场，应选择发光效欲获得较高的直射光源，灯杆的高度应根据广场的尺寸而定，通常应保持在 5～10m 之间。园路两侧的照明设备需要保持均匀的照度，同时，照明设备的间距应该控制在 35～40m 之间。由于树木的遮挡，灯光的悬挂高度不宜过高，通常应保持在 4～6m 之间。如果照明设备为单杆顶灯，则其悬挂高度应控制在 2.5～3m 之间，而灯杆之间的间距则应保持在 30～60m 之间，灯距应保持在 20～25m 之间。在道路交叉口或空间的转折处，应当设置一盏指示园灯，以便为行人和车辆提供必要的照明。在特定的环境中，如踏步、草坪和小溪边，可以设置照明装置，而在特殊的位置还可以使用壁灯进行照明。在室内可以利用灯光进行装饰。在雕塑等艺术场所，可以运用探照灯、聚光灯、霓虹灯等高科技照明设备。在景区和景点的主要出入口、广场、林荫道和水面等位置，可以设置庭院灯，这些灯可以与花坛、雕塑、水池和步行道相结合。庭院灯通常由 1.5～4.5m 长的灯柱组成，这些灯柱通常采用钢筋混凝土或钢制成，而基座则通常用砖、混凝土或铸铁等材料制成，灯型也非常多样化。适宜的形式不仅起照明作用，而且起美化装饰的作用，还有指示作用，便于夜间识别。

2. 园灯的安装步骤

（1）灯架、灯具安装

按设计要求测出灯具（灯架）安装高度，在电杆上画出标记。

将灯具悬挂于电杆上（对于重量较大的灯架和灯具，可以使用滑轮或大绳吊上电杆），穿戴好抱箍或螺栓，按照设计要求确定照射角度，调整好平整度后，将灯架牢固地固定好。用木条固定好灯架和灯，再用铁丝绑扎牢固，在支架上装好照明灯具，使它们与地面保持平齐。为确保灯具的整齐排列，其仰角应当保持一致。

（2）进行下线操作以实现连接

对接头两端绑扎紧实，使之形成一个完整的接头。首先将针式绝缘子稳固地固定在灯架上，然后将导线的一端固定在绝缘子上并旋转，最后与灯头线和熔断器分别相连。将导线的另一部分绕包成环形，并用黑色胶带绑扎牢固。对接头进行处理，采用橡胶布和黑胶布进行半幅重叠，并分别进行一层的包扎。对导线的另一端进行紧缩，并将其与路灯干线的背扣紧密缠绕。

每套灯具的相线应装有熔断器，相线应接螺口灯头的中心端子。

引下线和路灯干线的连接点距杆的中心应在 400～600mm，两侧对称。引接的电缆要用镀锌钢丝束绞成螺旋状绕在电线上。在进行引下线凌空段时，应避免使用任何接头，同时长度也不应超过 4m。如果超过此范围，则应考虑加装固定点或使用钢管引线以确保安全。为确保导线在进出灯架处的稳定性，需使用柔软的塑料管进行套覆，并进行防水弯曲处理。

（3）试灯

全部安装工作完毕后，送电、试灯，并进一步调整灯具的照射角度。

（二）霓虹灯、彩灯安装

1. 霓虹灯安装

（1）霓虹灯管安装

霓虹灯管由直径为 10～20mm 的玻璃管制作成。灯管两端各装一个电极，玻璃管内抽成真空后，再充入氖、氩等惰性气体作为发光的介质，在电极的两端加上高压，电极发射电子激发管内惰性气体，使电流导通灯管发出红、绿、蓝、黄、白等不同颜色的光束。

霓虹灯管容易破碎，管端部还有高电压，应安装在人不易触及的地方，并不应和建筑物直接接触。

在安装霓虹灯灯管时，一般用角铁做成框架，框架既要牢固，在室外安装时还要经得起风吹雨淋。

安装时，应在固定霓虹灯管的基面上（如立体文字、图案、广告牌和牌匾的面板等），确定霓虹灯每个单元（如一个文字）的位置。灯体组装时要根据字体和图案的每个组成件（每段霓虹灯管）所在位置安设灯管支持件（也称灯架），灯管支持件要采用绝缘材料制品（如玻璃、陶瓷、塑料等），其高度不应低于4mm，支持件的灯管卡接口要和灯管的外径相匹配。支持件宜用一个螺钉固定，以便调节卡接口与灯管的衔接位置。灯管和支持件要用绑线绑扎牢靠，每段霓虹灯管的固定点不得少于 2 处，在灯管的较大弯曲处（不含端头的工艺弯折）应加设支持件。霓虹灯管在支持件上装设不应承受应力。

霓虹灯管要远离可燃性物质，距离至少应在 30cm 以上，与其他管线应有

150cm 以上的间距，并应设绝缘物隔离。

霓虹灯管出线端与导线连接应紧密可靠，以防打火或断路。

在安装灯管时，应用各种玻璃或瓷制、塑料制的绝缘支持件固定。有的支持件可以将灯管直接卡入，有的则可用直径为 0.5mm 的裸细铜线扎紧。在安装灯管时切不可用力过猛，用螺钉将灯管支持件固定在木板或塑料板上。

在安装室内或橱窗里的霓虹灯管时，在框架上拉紧已套上透明玻璃管的镀锌钢丝，组成 200～300mm 间距的网格，然后将霓虹灯管用直径为 0.5mm 的裸铜丝或弦线等与玻璃管绞紧即可。

（2）变压器安装

变压器应安装在角钢支架上，其支架宜设在牌匾、广告牌的后面或旁侧的墙面上，支架如果埋入固定，则埋入深度不得少于 120mm；如果用胀管螺栓固定，则螺栓规格不得小于 M10。角钢规格宜在 35mm×35mm×4mm 以上。

变压器要用螺栓紧固在支架上，或用扁钢抱箍固定。变压器外皮和支架要做接零（地）保护。

变压器用于室外明装时，其高度应在 3m 以上，距离建筑物窗口或阳台也应以人不能触及为准，如上述安全距离不足，或将变压器明装于屋面、女儿墙、雨棚等人易触及的地方，均应设置围栏并覆盖金属网进行隔离、防护以确保安全。

为防雨、雪和尘埃的侵蚀，可将变压器装于不燃或难燃材料制作的箱内加以保护，金属箱要做接零（地）保护。

霓虹灯变压器应紧靠灯管安装，一般隐蔽在霓虹灯板之后，可以减短高压接线，但要注意切不可安装在易燃品周围。安装在室外的变压器，离地高度不宜低于 3m，离阳台、架空线路等距离不应小于 1m。

霓虹灯变压器的铁芯、金属外壳、输出端的一端和保护箱等均应进行可靠的接地。

（3）霓虹灯低压电路的安装

对于容量不超过 4kW 的霓虹灯，可采用单相供电；对于超过 4kW 的大型霓虹灯，需要提供三相电源，霓虹灯变压器要均匀分配在各相上。在霓虹灯控制箱内一般装设有电源开关、定时开关和控制接触器。通常情况下，控制箱被安装在靠近霓虹灯的房间内，以确保设备的稳定运行。为确保在维护霓虹灯时不会触碰高压，建议在霓虹灯与控制箱之间安装电源控制开关和熔断器。在进行灯管检修时，应先切断控制箱开关，再切断现场的控制开关，以避免误合闸导致霓虹灯管带电的风险。

霓虹灯通电后，灯管内会产生高频噪声电波，这种电波将辐射到霓虹灯的周围，会严重干扰电视机和收音机的正常使用。为了避免这种情况的发生，只要在低压回路上接装一个电容器就可以了。

（4）连接霓虹灯的高压线

为了确保霓虹灯专用变压器的二次导线和灯管之间的连接质量，必须选用高压尼龙绝缘线，其额定电压必须不低于 15kV。霓虹灯专用变压器二次导线距建筑物和构筑物表面的距离不得超过 20mm。

高压导线支持点间的距离，在水平敷设时为 0.5m，在垂直敷设时为 0.75m。

高压导线在穿越建筑物时，应穿双层玻璃管加强绝缘，玻璃管两端须露出建筑物两侧。

2. 彩灯安装

在安装彩灯时，应使用钢管敷设，严禁使用非金属管作敷设支架。

管路在安装时，首先，按尺寸将镀锌钢管（厚壁）切割成段，端头套丝，缠上油麻，将电线管拧紧在彩灯灯具底座的丝孔上，勿使漏水，这样将彩灯一段一段连接起来。然后，按画出的安装位置线就位，用镀锌金属管卡将其固定在距灯位边缘 100mm 处，每管设一卡就可以了。固定用的螺栓可采用塑料胀管或镀锌金属胀管螺栓，不得用木螺钉打入木楔固定，否则容易松动脱落。

管路之间（即灯具两旁）应用不小于 $\phi6mm$ 的镀锌圆钢进行跨接连接。彩灯装置的配管也可以不进行固定，而固定彩灯灯具底座。在彩灯灯座的底部原有圆孔部位的两侧，顺线路的方向开 1 个长孔，以便安装时调整固定位置，以及管路热胀冷缩时有自然调整的余地。

土建施工完成后，在彩灯安装部位，顺线路的敷设方向拉通线定位。根据灯具的位置和间距的要求，需在沿线进行钻孔并将塑料管埋入。在塑料管上开孔后再焊接灯头，再用螺栓与塑料管紧固成整体。将组装好的灯底座和连接钢管一并置于安装位置，或者采用边固定边组装的方式，随后使用膨胀螺钉对灯座进行固定。

彩灯穿管导线应使用橡胶铜导线敷设。为了控制彩灯装置的放电部位，减少线路损失，建议将彩灯线路线芯与接地管路之间的连接方式改为避雷器或放电间隙，并将彩灯装置的钢管与避雷带（网）连接起来，以确保建筑物上部的安全。

对于较高的主体建筑，垂直彩灯的安装一般采用悬挂方法较方便。对于不高的楼房、塔楼、水箱间等垂直墙面，也可沿墙采用镀锌管垂直敷设的方法。

彩灯悬挂敷设时要制作悬具，悬具制作较烦复，主要材料是钢丝绳、拉紧螺栓及其附件，导线和彩灯设在悬具上。彩灯是防水灯头和彩色白炽灯泡。

建筑物四角的固定式无法容纳悬挂式彩灯，因此需要采用其他方式安装彩灯。钢丝绳上挂有防水吊线灯头及线路，悬挂式彩灯导线应选用绝缘强度不小于500V 橡胶铜导线，截面不小于 $4mm^2$。电缆采用镀锌钢丝编织而成，并在表面涂有防锈油，防止雨水进入内部造成锈蚀。要确保灯头线与干线之间的联结牢固可靠，同时实施严密的绝缘包扎，以确保系统的安全性和可靠性。导线所载灯具重量拉力不得大于导线允许的机械强度，灯间距通常为 700mm，且在距离地面 3m 以下处不得安装灯头。

（三）灯具安装的方法

1. 雕塑、雕像的饰景照明灯具安装

①照明点的数量和排列方式，取决于所照射的目标类型的多样性。为了营造出一个轮廓鲜明的效果，需要对整个目标进行照明，但不能使光线均匀分布，而是要通过不同的亮度和阴影的组合来实现。

②根据被照明目标的位置及其周围的环境确定灯具的位置。

A.在草地或空地的中央矗立着一个独立的照明目标，它位于地面之上。为了获得良好的视觉效果，必须使其尽量靠近灯光源。在进行灯具的安装时，应尽可能使其与地面平齐，以确保周围的外观不会受到任何影响，同时减少眩光。当需要照射时，可将灯固定于墙面或立面上。这种安装方式同样适用于植物或围墙后方的地面。

B.位于基座之上的照明目标矗立于草地或空地的中央，与周围环境形成孤立。为了调节基座的亮度，应将灯具安置于更为遥远的位置。确保基座边缘不再受到照明目标底部所产生的阴影影响，这一点至关重要。

C.位于基座之上的照明目标坐落于可供行人接近的位置。一般而言，在安装

灯具时，不宜将其置于基座周围，因为从视角来看，灯具的距离过于接近。因此需要一种简单、可靠的方法来保证安全地把照明设备安装到地面上。仅可将照明器具固定于公共照明杆或安装于周边建筑之立面，但需注意避免眩光的影响。

③对于雕塑而言，一般会对其主体部分和正面进行照明。头部和面部可以有不同程度的照亮。在背部的照明方面，需要采用更低的标准，或者在某些情况下，完全不需要进行任何形式的照明。

④尽管从下往上的照明是最容易实现的，但是，需要注意的是，任何可能会在塑像面部形成不愉快阴影的方向都不能施加任何照明。

⑤在雕刻某些雕塑时，材料的色调是一项至关重要的元素，直接影响着作品的视觉效果和艺术价值。如果在雕塑中缺乏对光源的选择，那么它就无法达到理想的视觉效果。使用白炽灯进行照明，能够呈现出令人惊叹的色彩效果，这是一种常见的做法。采用适宜的灯泡，如汞灯、金属卤化物灯和钠灯，可为材料赋予色彩，从而提升照明效果。为了进行光色试验，建议使用彩色照明技术。

2. 旗帜的照明灯具安装

①为了避免旗帜在风中飘动时产生眩光，必须始终采用直接向上的照明方式，以确保旗帜不会受到任何干扰。

②一面独立的旗帜的顶部应设置一圈投光灯具，灯具的尺寸应符合旗帜所能覆盖的最大范围。应将照明器具对准目标，略微向国旗倾斜。当旗帜被照亮时，还应该有一束光照亮建筑物顶部，从而起到警示作用。根据旗帜的尺寸和旗杆的高度，可使用3～8支宽光束进行照明。

③当一面斜插的旗帜高挂在旗杆上时，应在低于其最低点的平面上分别安装两只投光灯具，而这个最低点则是在无风情况下确定的。

④当仅有一面旗帜悬挂于旗杆之上时，亦可在其上环绕一圈密封型光束灯具，以达到同样的效果。为减少眩光，该灯所构成的圆环距地面应至少有 2.5m 高。为防止旗帜布料被烧坏，在无风的情况下，圆环距垂挂国旗下至少有 40cm。

⑤为了应对多面旗帜在旗杆顶端升起的情况，可以将多盏密封光束灯分别安装在地面上，以实现照明的目的。为了确保所有旗帜在任何方向上都能照亮，灯具的数量和安装位置都必须考虑所有旗帜所覆盖的空间范围。

第四章　园林景观工程施工组织管理

园林景观工程建设是一项多学科融合的工作，它不仅需要做好园林相关的栽植工作，还涉及水利、建筑、土木、市政等各个行业，因此，在施工前做好园林景观工程的组织设计是有必要的。

第一节　施工组织管理概述

一、施工组织设计的作用

园林工程施工组织设计是为指导工程施工而编写的，它以单项工程或总工程为依据，以园林工程为基准。它的主要方向是有依据地安排五个主要的施工因素：劳动力、材料、设备、资金和施工方法。应根据园林工程和具体工程施工的需求，结合工程施工过程出现的实际问题，对整体的园林艺术工程施工进行统筹把握，使工程施工过程中的技术、资金、人力与自然资源都得到最恰当的利用，保障工程项目的质量和施工效率。

要想确保施工进度和工程质量、降低成本、对施工现场进行指导，就需要编制有依据、贴合现实、可操作的园林工程施工组织设计。

园林工程施工组织设计要在确保在对现场施工具有指导性的基础上，贴合园林工程专业的设计需求和特点。同时，要根据现实施工现场的情况，灵活应变，达到以下四部分要求：

①以现场施工的实际条件为基础，找到相匹配的施工方法与设施运用、人员配备等。

②根据施工进度，合理调配施工资源。

③灵活应变，对突发情况布置应对措施。

④从上层整体统筹各方面资源与关系处理，做到环环相扣，保证施工进度与质量。

二、施工组织设计的分类

园林工程施工组织设计主要有以下五部分内容：

①明确施工组织设计的指导思想，满足本项园林工程设计的要点和特征，使其在全部施工组织设计之中得到充分的运用。

②在此基础上，施工方案需要充分考虑施工企业和施工场地的实际条件，施工顺序、施工进度、施工方法、劳动组织及必要的技术措施等内容必须在方案中有详细科学的论述。

③施工方案确定后，根据施工进度，安排不同时期所需要的人力和资源配备。

④布置临时设施、材料堆置及进场实施方法和路线等时需要充分考虑场地实际面临的问题。

⑤协调好工程施工过程中各个领域关系的方法和要求，从整体角度计划整个施工环节，对于必备的材料及资源和可能出现的问题都要有全面的准备，确保顺利完成工程施工工作。

在实际工作中，根据需要，园林工程施工组织设计一般可分为投标前施工组织设计和中标后施工组织设计两大类。

（一）投标前施工组织设计

想要工程项目中标，在投标前就必须做好各方面的准备和计划。工程项目施工整体的施工流程的制订、施工过程中需要使用的科学技术与资源的配比、全局施工策略的统筹都对工程项目施工的顺利进行至关重要。为保障工程项目按时保质的完成，还需要对工程施工项目进行完备的施工计划，要结合施工过程中可能遇到的实际问题，确定工程项目的施工区域，保障施工过程中资源的充分利用。对工程施工过程中可能出现的自然或人工灾害，要有完备的应对措施，对施工方案的临时预备也要足够充分。

（二）中标后施工组织设计

中标后施工组织设计主要分为园林施工组织总设计、单位园林工程施工组织设计和分项园林工程作业设计三种。

①编制单位园林工程施工组织设计时，要求单位工程施工组织设计编制的具体内容，与施工组织总设计中的指导思想和具体内容相符合并且协调；单位工程施工组织方案的编制深度达到工程施工阶段即可满足施工要求；必须提供施工进度计划和现场施工平面图；编制的组织设计需要操作性强、语言简练易读。

②单位园林工程施工组织设计的内容主要包括以下六个方面：说明工程概况和施工条件，说明实际劳动资源及组织状况，选择最有效的施工方案和方法，确定人、财、物等资源的最佳配置，制定科学可行的施工进度，设计出合理的施工现场平面图等。

③分项园林工程作业的设计主要由最基层的施工单位编制，单项工程中包含作用性极强的部位或施工难度大、技术要求高、需采取特殊技术组织的工序，要求编制出符合项目要求的针对性技术文件，如园林喷水池的防水工程，瀑布出水口工程，园林中健身路的铺装，护坡工程中的倒渗层，假山工程中的拉底、收顶等。各项园林工程作业的设计要求灵活性强、组织方式简练。

三、施工组织设计的原则

园林施工组织设计应吸取多年园林施工设计的成功组织的经验，在组织方法上既要符合施工规律，又要敢于创新，勇于吸收外界好的元素，摒弃陈旧观点，保障园林景观工程施工的顺利进行。为此，施工组织设计应遵循下列基本原则：

（一）依照国家政策、法规和工程承包合同施工

要充分考虑国家政策，工程项目的实施必须符合国家的设计规范，符合国家对环境保护方面的要求，可以参照诸如《中华人民共和国建筑法》《中华人民共和国合同法》各种设计规范，以及《中华人民共和国环境保护法》《中华人民共和国森林法》《园林绿化管理条例》《环境卫生实施细则》等相关的自然保护法。建设工程承包合同要求承包人在工期内完成工程并且保证工程质量和正常使用，发包人验收后应及时支付工程价款或报酬。建设工程承包合同确定了工程施工的

工期、明确了工程的适用标准和应有的质量，明确了承包人和发包人的权利义务，想要保证工程施工在工期内完成并保证质量，建设工程承包合同在编制时应充分考虑各类情况。

（二）符合园林工程特点，体现园林综合艺术

园林工程是一种随着时间的推移慢慢显现的综合性工程。园林工程的综合性特点显示了工程的复杂性，艺术特点展现了设计的特殊性，因此，施工组织设计必须紧密贴合图纸内容，不能对图纸有所更改，还应预拟防范措施以应对施工中可能出现的其他情况。要想施工组织设计符合施工要求，就须熟知图纸，熟悉造园手法，采取专项性措施。

（三）采用先进的施工技术，合理选择施工方案

园林施工中要想在尽可能短的时间内完成施工，并且保证施工质量，减少资源浪费，需要采用合适的施工方案，吸收业内领先的科技技术以及良好规律的组织形式。因此，应根据园林工程的实际问题，对症下药，选择合适的科技技术与方案。目前的园林工程建设中，新技术主要针对的是设计和材料。要灵活选择新技术和新材料，始终以实际工程为基准，目的始终为获得最优指标，以期在施工组织上获得先进的技术运用、合适的经济预算、实行性强的操作方法和更完善的指标。

（四）合理安排施工计划，加强成本核算，做到均衡施工

施工方案确定后，施工计划应根据工程项目的实际要求进行统筹安排，在施工组织设计中发挥着极其重要的作用。统筹良好的施工计划可以提高施工效率，充分满足施工质量，减少因突发问题而出现的工程施工进度停滞的情况，利于从大局方面对工程项目进行把关。

施工计划应安排合理，保证各个施工环节之间联系紧密，保证效率；不能破坏施工规律，在施工时间和地域限制上要互相促进；采用合理的施工方式，必要时可采用交叉施工和平行施工，在保证工程质量的同时尽量缩短消耗的时间；编制方法应根据工程实际情况合理选择横道流水作业和网络计划设计；工程施工的天气、季节性问题也需要考虑；临时设施的投入在计划中要有所体现；成本预算

的编制必须根据实际情况综合考虑。只有综合考虑成本、时间、施工顺序等因素，才能保证工程的按时交付。

（五）确保施工质量和施工安全，重视工程收尾工作

施工组织设计应根据工程的实际情况制定出符合实际的、可操作性强的保证措施，以达到符合要求的施工质量，保证整个工程的质量。园林工程是环境艺术工程，需要凭借施工方式来体现创作者费尽心力的艺术创作。为此，施工人员必须尽心尽力，认真谨慎，必要时对艺术设计进行二次创作与加工，使艺术作品的魅力得到充分展现。"安全为了生产，生产必须安全。"施工中必须制定施工安全操作规程及注意事项，搞好安全教育，加强工作人员的安全意识，以切实保障施工过程安全。

工程的收尾工作同样关键，若是不重视后期收尾工程，尽快竣工验收，交付使用，就会造成资金不流动、积压资源和成本，最终造成大量的资源和资金浪费。

第二节　施工组织总设计

一、施工部署和施工方案的编制

（一）施工部署

施工部署是对整个工程项目进行全面安排，并对工程施工中的重大战略问题进行决策。其主要内容和编制要求如下：

1. 组织安排和任务分工

明确管理人员和具体工程项目实施人员的工作内容；根据工程实际情况进行项目分包和专业化工程团队的选择；确定施工工期，安排主要项目和附属项目交替或平行进行。

2. 主要施工准备工作的规划

工程施工现场需要做好万全的准备，无论是思想准备还是资源、人力、计划的统筹。应对工程材料的运输，确定运输主干道的进入点和终止点，对于主干道

的建设和水电资源等的引入需要全面统筹；注意施工安全，做好应对各种灾害和突发情况的准备；生产、生活地域的选择应充分参照工程施工的实际情况。做好现场预制和工厂预制或采购构件的规划。

（二）主要工程施工方案的拟定

施工方案内容包括施工起点流向、施工程序、施工顺序和施工方法。

施工方案是根据工程项目的实际复杂度编写的具体实施方案，如果工程项目施工复杂度非常低，施工所消耗的时间非常短，则可以适当减少施工方案内容的编写，只提供必要的部分内容。施工方案是包括工程施工过程中人员组成、技术应用、资源配比等方案的综合方案。处理复杂度高、消耗时间长的工程项目的综合性的方案需要关注施工各个部分的细节，从操作工艺到危险的预防措施都要考虑在内。

要选择适合工程施工的、价格合理的、可控易控的施工器械。

（三）工程开展程序的确定

工程开展程序既是施工部署问题，也是施工方案问题，应确立以下指导思想：

①在合同工期限制时间内，分批分主次施工。合同工期是限制施工时间的不能随意改变的总时间要求。如果工程在编制施工组织总设计时没有签订合同，则应保证总工期控制在定额工期之内。在施工设计可以满足工期要求的情况下，对工程进行分批分主次施工。例如，应提前开始着手工程内容复杂的、技术操作困难的、时间跨度大的工程项目，如果工程项目重要或紧急，也应做好提前部署。

②工程开展一般优先地下、深处、干线的工程，而地上、浅处、支线的工程则较之靠后。

③在施工过程中，尽量保证已完工或已投入生产使用的工程不受到妨碍，最好做到施工与使用同步运转。

④施工过程应合理调配科学技术与资源，做到资源与技术的有机结合，保障项目实施的均衡性。

⑤在施工组织设计过程中，应考虑天气或季节的影响，将不适合当下天气或季节的工程项目在工期之内尽可能地延后或提前，避免天气或季节对施工造成重大影响。大规模土方工程和深基础土方施工一般要避开雨季；寒冷地区的房屋施

工尽量在入冬前封闭，使冬季可进行室内作业和设备安装。

二、施工总进度计划和资源需要量计划的编制

（一）施工总进度计划表

在工程事务的总计划中，各工程需要充分肯定它们之间关系的重要性，这样的工程总计划有利于工程项目施工的基础建设，有助于从全局的角度统筹工程项目进度，可采用诸多统筹工具及方法。

（二）施工总进度计划的编制要点

1. 准确计算各个工程项目的工程量

将计算好的工程项目的工程量汇总于表，以助于后续估算各个工程项目的工期，各个工程项目不应划分过细，应分清"主要矛盾"和"次要矛盾"，由于"主要矛盾决定着复杂事物的性质和发展方向。"，工程项目施工过程中更要明确施工方向，确保工程施工的质量与效率。

计算工程量可按初步设计（或扩大初步设计）图纸，并根据各种定额手册或参考资料进行。

2. 确定各单位工程（或单个构筑物）的施工进度计划

工程类型、施工管理水平、施工方法、结构特征、施工现场条件和施工机械化程度都会影响单位工程施工期限。综合各个影响因素，工程项目的施工进度必须符合时间的要求。

3. 明确各个衔接单位工程之间的关系，综合考虑前后工程的工期

单位工程开竣工的时间确定主要应考虑以下因素：

①将人力物力尽可能分散，保证同一时期的施工项目数量合理。

②合理部署劳动人员及技术、资源的分布，尽可能使每个开展的项目的施工效率都得到保证。

③对后续工程的安排工作要提前，首个工程完成之后，后续的工程排期也要随之而出。

④主要项目中穿插一些附属项目，对施工进度进行有力调节。

⑤施工过程中的机械应保障完善，确保其能支持长流程工作。

4. 确定合理的施工总进度计划

初步确定施工计划后，要对计划进行仔细的检查，保证工程项目的各个环节可能出现的问题得到解决，还要适时复盘，考虑工程项目消耗的时间是否准确、各个工程项目之间的继承与连接关系是否合适。通过全面而仔细的检查使工程项目的实施时间等因素达到均衡、经济的目标。

（三）资源需要量计划的编制

1. 劳动力需要配置计划

计算保证施工总进度计划实现所需劳动力工日数和人数，可按照施工准备工作计划、施工总进度计划和主要分部分项工程流水施工进度计划，套用概算定额或经验资料。无论劳动力有多余还是有所缺失，都应采取有力措施。当劳动力超出施工总计划的要求时，可对多余劳动力进行培训调出；当劳动力短缺时，可增加招募人员数量或采取提高报酬鼓励提高效率的措施。对于工程所需劳动力的部署配置是不可缺少的。

2. 主要材料和预制加工品需用量计划

参照本地区概算定额或过往的类似工程资料，根据工程项目的实际复杂情况、工程量，计算出各种工程需要的材料资源的使用量。

3. 主要材料、预制加工品运输量计划

为组织合理运输和材料仓库的建造，避免资源浪费，应参照施工总进度计划和主要部分分项工程流水施工进度计划，以预制加工规划和主要材料需用量计划为标准，编制主要材料、预制加工品需用量的运输量计划。

4. 主要施工机具需用量计划

主要施工机具需用量计划的编制依据是：施工部署和施工方案，施工总进度计划，主要工种需用量和主要材料、预制加工品运输量计划，机械化施工参考资料。

5. 临时设施计划

施工临时设施在工程施工过程中起到了生产源头的作用，如化灰池、存水池、施工人员临时宿舍等，由于建造成本低廉，其使用周期一般不会太长，作为工程生产过程中的附属设备，计划时既要考虑其发挥的不可替代的作用，又要考虑其成本低、使用时间短的特点，避免资源浪费。

三、施工总平面图设计

（一）施工总平面图的内容

施工总平面图的作用是从上方视角指导工程项目施工的文明进行，对工程项目施工现场的地形地貌、基础设施的构成与建立、加工工具与技术、施工现场的安全性问题、对工程施工区域周围的环境的影响程度与对策等内容进行合理统筹。施工总平面图一般比例尺为 1:1000 或 1:2000。施工总平面图的具体内容如下：

①整个建设项目的建筑总平面图，包括地上、地下建筑物和构筑物，道路，各种管线，测量基准点等的位置和尺寸。

②工程施工生产过程必要的附属临时性设施，具体如下：

A.工程项目占地区域，工程项目所需使用的道路。

B.加工厂、制备站及有关机械化装置。

C.各种建筑材料、半成品、构件的仓库和主要堆放、假植、取土及弃土位置。

D.行政管理用房、宿舍、文化生活福利建筑等。

E.水源、电源、临时给排水管线和供电动力线路及设施，车库、机械的位置。

F.一切安全、防火设施。

G.特殊图例、方向标志、比例尺等。

H.永久性和半永久性坐标的位置。

（二）施工总平面图的设计依据

①设计资料，包括建筑总平面图、竖向设计图、地貌图、区域规划图、建设项目及有关的一切已有和拟建的地下管网位置图等。

②已调查收集到的地区资料。

③施工部署和主要工程的施工方案。

④施工总进度计划。

⑤各种材料、构件、施工机械和运输工具需要量一览表。

⑥构件加工厂、仓库等临时建筑一览表。

⑦工地业务量计算结果及施工组织设计参考资料。

（三）施工总平面图的设计原则

①施工过程的占地不能或尽可能少地影响农田和交通道路的使用，最大限度地使用尽可能小的占地空间。

②减少施工过程的搬运距离，尽量避免场内再次搬运的情况。因此，施工材料应根据它的用途和使用频率，按需按顺序进入施工场地，起重设备的工作范围尽量包围重量大的材料。

③控制临时工程费用，在保证施工需要的前提下，临时设施工程量应该最小。要充分利用已有的设施，若是修建永久性工程能提前完成工程，为后续施工服务，应尽量提前完工并在施工中代替临时设施。

④临时设施应能缩短工人前往施工现场的时间，保证生产与生活。

⑤强调施工任何环节的安全问题、工人的劳动保护问题，满足施工中的防火要求。

⑥绿色施工，符合环境保护条例对施工的要求。

（四）施工总平面图的设计步骤和设计要求

1. 场外交通道路布置

永久性道路在使用时，应充分考虑转弯半径和坡度限制，恰当确定起点和进场位置，减少对外界的影响，利于施工场地的充分利用。

当采用公路运输时，公路应与场外道路连接，位置布置可以参照加工厂、仓库，以符合运输要求。

当采用水路运输时，卸货码头应不少于 2 个，宽度应不小于 2.5m，当江河距工地较近时，可在码头附近布置主要加工厂和仓库。

2. 仓库的布置

①若有需要，沿路布置周转库和中心库，如有铁路时。

②一般材料仓库需要配备可以堆积货物的地方，距离以搬运货物方便为宜。

③水泥库和砂石堆场应布置在搅拌站附近。砖、石和预制构件应布置在垂直运输设备工作范围内，靠近用料地点。基础用块石堆场应离坑沿一定距离，以免压塌边坡。钢筋、木材应布置在加工厂附近。

④工具库应布置在加工区与施工区之间交通方便处，零星小件、专用工具库

可分设于各施工区段。

⑤车库、机械站应布置在现场入口处。

⑥油料、氧气、电石库应设置在边沿、人少的安全处，易燃材料库要设置在拟建工程的下风向。

⑦苗木假植地应靠近水源和道路。

3. 内部运输道路的布置

①为满足施工要求，永久性道路的路基和简单路面需要提前修建。

②仓库、加工厂、堆场和施工点都应设置在临时道路途经点。设计双行或单行道路取决于工程货运量。资源搬运的次数越少，产品受损的可能性就越小，运输的效率就越高。

4. 临时房屋的布置

①临时房屋尽量可以活动，尽可能采用已有的设施，充分把握供需要求，在房屋不足时再增添临时房屋。

②在全工地入口处设全工地的行政管理用房。在职工较集中的地方，或在职工出入施工现场必经的区域设职工用的生活福利设施，如商店、俱乐部等。

③为保障职工健康和施工效率，职工宿舍一般设置在场外干燥、地势不过低的地方。

④食堂的布置根据实际条件，可在生活区域也可在工地外部分区域。

5. 临时水电管网和其他动力设施的布置

①尽量减少临时设施的修建，多使用永久性设施和已有的设施。

②高压线不能穿过工地，临时总变电站应设在高压线进入工地处。临时自备发电设备应处在施工区域中心，控制与主要用电区域的距离。

③临时水池、水塔控制与用水中心的距离，建立地点地势要求较高。沿道路布置管网，供电线路与其他管道设在不同侧，采用环状的管线保证水电资源的正常使用。

④用铁管套住管线穿路处，埋到地下 0.6m 处。

⑤临时水管如果需要过冬，则必须采取相应的保暖措施。

⑥排水沟沿道路布置，纵坡不小于 0.2%，过路处须设涵管，在山地建设时应有防洪设施。

6. 绘正式施工总平面图

根据已布置好的施工现场绘制正式施工总平面图。

第三节 施工组织编制方法

一、园林景观工程横道图编制

横道图以横向线条结合时间坐标表示各项工作施工的起始点和先后顺序，整个计划是由一系列的横道组成。

（一）横道图的形式

横道图的横坐标代表的是时间，纵坐标代表的是工程项目活动，在横坐标上的起始点代表了工程项目活动的开始时间，而在横坐标上横道的长短则代表了工程项目活动的时间长短。确定工程量、施工顺序、最佳工期，以及工序或工作的天数、衔接关系等后就能编制横道图进度计划。横道图主要分为作业顺序表和详细进度表两种。

（二）详细进度计划横道图的编制

详细进度计划由两部分坐标充分展示，横坐标为时间或工期进度，工期进度根据实际情况用线条或线框表示，纵坐标为工序或分项工程，体现工程量、劳动力或资源资金定额等信息。

编制详细进度计划可以采取以下几种步骤：

①确定工程项目。根据实际的工程项目实施进度，合理安排各个项目之间的施工顺序，为提高工程施工效率，可以适当采用平行作业的方式，但交叉作业尽量少使用。工程项目的安排要缜密，不能出现重复或缺少。

②确定各个工程项目的工期。根据已有的劳动力资料、资源配比、当下工程项目施工进展情况，确定工程项目的工期，在满足项目总工期的前提下，可以对分项目的工期适当进行调整。

③清晰、准确地用线框在相应栏目内按时间起止期限绘成图表。

④绘制完成后需要认真检查，满足项目总工期的要求。

（三）横道图的应用

横道图也称甘特图（Gantt chart），是一种显示项目进度和项目各个组成部分随时间而发生变化的工具，横道图在工程项目施工过程中对统筹时间计划有重要作用。

表4-3-1是某绿地铺草工程的作业顺序表，右栏表示作业量的比例，左栏则是按施工顺序标明的工种（或工序）。

表 4-3-1　某绿地铺草工程的作业顺序

工种	作业						作业比例 %
	0	20	40	60	80	100	
准备工作							100
整地工作							100
草皮准备							70
草坪作业							30
检验验收							0

（四）横道计划的优缺点

1. 优点

①绘画过程不烦琐，展示效果好。

②展示一定时间内工程时间的关系，有专业软件的支持，不用耗费人力计算与分析。

③计划产量和计划时间的关系表达明确。

2. 缺点

①横道图展示施工过程中各环节的时间比例、起止时间非常明了，但无法显示出各个项目之间的衔接关系或层级关系。

②横道图无法完全突出工程中的项目重点或者各个项目之间的合作关系和制约关系。它不能帮助抓住工作的重点，不能明确反映关键线路，可以灵活、机动使用的时间无从判断，也就无法发挥合理组织的灵活操控性，无法完全发掘劳动及资源的前期，达不到缩短工期、降低成本和调整劳动力的目的。

横道图适用于小型园林绿地工程，控制施工进度可操作性强，简单直接。但是，横道图法无法在更广阔的领域中应用，原因就是其对工程的分析，以及重点工序的确定与管理等诸多方面有局限性。对工序要求明确的工程项目必须采用更先进的计划技术——网络计划技术。

二、园林工程建设施工组织设计的网络图法

（一）网络计划技术的特点及适用范围

1. 网络计划技术的特点

（1）优点

①准确反映工程施工过程中各个项目环节之间的衔接关系，不再单独、分块地表现各自的起止时间。

②网络计划图可以获得对全局有影响的关键节点，通过时间参数的计算，获取整个工程的全貌，从宏观的角度分析工程可以改进的地方，聚集资源对主要矛盾点进行突破，确保工程的施工质量。

③在计划执行的过程中，能从网络计划图中预见到当某一项工作因故提前或拖后时对后续工作及总工期的影响程度，便于施工人员采取有效措施，获取机动时间，判断从哪里入手缩短工期，怎样更好地协调人力和设备，从而获得预期的工程完成质量。

④结合符合工地变化规律的、科技的画图形式，在复杂多变的施工场景下，计算机的绘图与计算效率更高。

⑤应用网络计划图不仅能保障施工进度，而且能与经济效益结合，便于优化和调整施工进度，加强管理，取得经济与时间都符合预期的施工效果。

（2）缺点

在表达流水作业的直观性上，横道图比网络计划图更为直观。随着网络计划的不断发展与改善，网络计划图在这方面的缺点逐渐减少。

2. 网络计划技术的适用范围

网络计划技术在项目量大、工序繁杂、合作关系混乱的项目进度控制领域最能发展它的特长。网络计划技术可以应用在单体工程和群体工程等不同的工程领

域；能满足土建工程的要求，也符合安装工程的需要；能涵盖较为简单的部门短期计划，也能作用于复杂的大型企业的年月计划；无论是有时限的计划，还是肯定性、否定性的计划，都在项目进度控制方面占有一席之地。其强大的适用性是其他计划技术不可企及的。

（二）网络图识读

网络图依据各项目工序的逻辑关系编制，合理模拟施工过程时间及资源耗用或占用，是工程严密的网络计划技术的基础。在项目进度控制领域应用比较多的是网络图，它分为单代号网络图和双代号网络图。下面着重介绍双代号网络图：

网络图的组成部分有工序、事件和线路，工序的表示采用一根箭头线和两个节点，该箭头所表示的工序用箭头线两端编号来区分，所以叫作"双代号"，如图 4-3-1 所示。

（a）双代号网络图工序表示　　　　　（b）虚工序表示（$i < j$）

图 4-3-1　网络表示法

1. 工序

工序在网络计划技术中用一条箭头线和两个节点表示，是指总工程中消耗大量时间与资源的各个节点的分项目。工序又分为实工序和虚工序，以是否真实消耗资源和时间来划分，虚工序仅表示相邻工序间的逻辑关系，用一根虚箭头线表示。箭头线的前端称头，后端称尾，头的方向说明工序结束，尾的方向说明工序开始。在箭头线的上下位置分别标记工序名称和完成工序所需要的时间。

如果将某工序称为本工序，那么紧靠其前的工序就称为紧前工序，而紧靠后面的工序则称为紧后工序，与之平行地称为平行工序。如图 4-3-2 所示，A 为紧前工序，B 为本工序，C 为平行工序，D 为紧后工序。

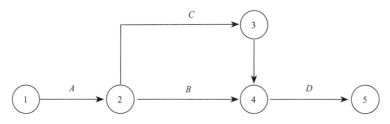

图 4-3-2　工序间的相互关系

2. 事件

工序间用圆圈代表的结合点称为事件。在网络图中，表明某工序开始的第一个结合点（节点）称为起始节点，表明该工序完成的最后一个节点称为结束节点。起始节点之前的工序为先行工序，结束节点与本工序之间的所有工序都是后续工序的范围。

3. 线路

关键线路的区分标准是看路线是否从起始节点开始沿箭头线方向直至结束节点，在此路线范围内的为关键线路，反之则是非关键线路，应重点关注关键线路上的关键工序。

（三）网络图逻辑关系表示

清晰地绘制出正确的网络图，需要厘清各工序间存在的相互联系和阻碍关系。工序间的逻辑关系极为重要，绘制网络图的首要条件即充分了解、分析工序间的逻辑关系，因此，绘制正确实用的网络图必须弄清本工序、紧前工序、紧后工序、平行工序等逻辑关系。

如图 4-3-3 所示，工程划分为 7 个工序，由 A 开始，A 完工后 B、C 动工；完成后开始 D、E；F 要开始必须待 C、D 完工后；G 要动工则必须等 E、F 结束。就 F 而言，A、B、C、D 均为其紧前工序，E 为其平行工序，G 为其紧后工序。

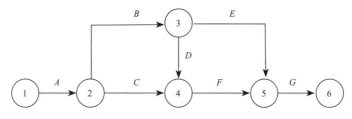

图 4-3-3　工序间的逻辑关系

（四）编制网络图的基本原则

①2条以上的箭头线不能存在于同一对结合点之间。在网络图的绘制过程中，可以有多条箭头线进入同一个节点，但它们不允许进入同一对结合点。如图4-3-4所示，a部分中2→3有3根箭头线，可以表示出3道工序，但混乱了其中的节点所属工序。要解决这个问题可以采用虚工序，帮助厘清网络图中的逻辑关系，b部分是正确的。

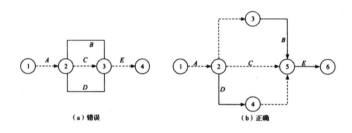

图4-3-4 同一对结合点箭头线表示法

②网络图中不允许出现循环回路。

（五）网络图的编制方法

网络图的编制需要充分了解三部分内容：目标计划的工程是由哪些后续工序构成的，各个工序之间的逻辑关系，各个工序完成所需要耗费的时间。充分了解三部分内容后可参照以下步骤编制：

①对工程进行分析，通过矩形阵图按每个工序的紧前工序推出其紧后工序。

②依靠紧前工序和紧后工序，充分了解各工序的开始节点和结束节点。方法如下：如果开始节点号为0，则为无紧前工序的工序；如果开始节点号为紧前工序的起始节点号取最大值加1，则为有紧前工序的工序；如果结束节点号为各工序结束点的最大值加1，则为无紧后工序的工序；如果结束点号为紧后工序开始节点号的最小值，则为有紧后工序的工序。

③判断出节点号后即可以开始绘制网络图。

④绘制出的网络图需要与详细信息的图标进行比对检查。

第五章　园林景观工程施工过程管理

本章主要介绍了园林景观工程施工过程管理，从四个方面来做详细地介绍，依次是施工现场管理、施工进度管理、施工安全管理和施工质量管理。

第一节　施工现场管理

一、园林工程施工现场管理概述

（一）园林工程施工现场管理的概念、目的和意义

1. 施工现场管理的概念与目的

工程建设现场是指已获批准用于进行工程建设活动的地点。该场地包括建筑用地和施工用地，均位于红线以内，以及临时施工用地，该用地经批准占用且与现场相邻，但位于红线以外。管理这些场地是指对它们的科学布局和合理利用进行管理，并确保它们与周围环境保持协调。施工现场管理的目标在于确保场地井然有序、文明施工、安全稳定、干净整洁、不影响周围居民，同时避免对公共利益造成任何损害。

2. 施工现场管理的意义

①施工现场的管理质量直接关系到施工活动是否能够顺利进行，这是一个至关重要的因素。如果没有及时清理，就会使工地上各种物品积压过多而造成堵塞。在施工现场，大量物资进入后会在此处停靠，形成一个重要的物资集散地。因此，施工现场管理的好与坏直接影响着整个工程的进度。通过施工活动，现场大量人力、机械设备和管理人员将这些物资逐步转化为项目产品，实现了高效的生产和管理。良好的"枢纽站"管理对于确保人流、物流和财流的畅通，以及保障施工生产活动的顺利进行具有至关重要的作用。

②在施工现场，各个专业的管理工作被紧密地联系在一起，形成了一种错综

复杂的"绳结"。在施工过程中,各种专业管理都要围绕提高工程质量和经济效益来开展工作,以保证工程任务的顺利完成。在施工现场,各项专业管理工作在分工合理的前提下,相互协作、相互影响、相互制约,形成了一种不可分割的有机整体。各项专业管理的技术经济效果,直接受到施工现场管理的优劣影响。

③在工程施工现场管理中,我们可以看到施工企业的真实面貌,就像是一面透明的镜子,映照着整个施工过程的方方面面。施工现场的文明程度直接关系到其所带来的社会效益和社会信誉,因此其重要性不言而喻。相反,若不予以妥善处理,将会对施工企业在社会上的声誉造成不良影响。

④在工程施工过程中,现场管理是贯彻执行相关法规的核心所在。施工现场管理不仅直接关系到工程质量、工期、成本等重要指标,也影响着企业信誉和形象。工程施工现场的管理与众多城市管理法规息息相关,每一家与施工现场管理有关联的单位都致力于加强对工程施工现场的管理。因此,在施工现场进行有效的管理和监督是一项至关重要的社会任务和政治任务,任何一丝疏忽都可能对其造成严重影响。

(二)园林工程项目施工现场管理的特点

1. 工程的艺术性

景观艺术的最大特点是集科学、技术和艺术于一体。园林艺术是一门综合性艺术,包括造型、建筑等多个艺术领域,要想完成项目必须符合设计要求并达到规划功能。这就需要在施工过程中注意景观设计的艺术性。

2. 材料的多样性

构成园林的山、水、石、路、建筑等要素的多样性也使园林工程施工材料具有多样性。一方面要为植物的多样性创造适宜的生态条件,另一方面要考虑各种造园材料,如片石、卵石、砖等,形成不同的路面变化。现代塑山工艺材料和防水材料更是各式各样。

3. 工程的复杂性

工程的复杂性主要表现在工程规模日趋大型化,要求协同作业日益增多,加之新技术、新材料的广泛应用,对施工管理提出了更高要求。园林工程是内容广泛的建设工程,施工过程涉及地形处理、建筑基础、驳岸护坡、铺草植树等多方面,这就要求施工有全盘观念,环环相扣。

4. 施工的安全性

园林设施多为人们直接利用和欣赏的，必须具有足够的安全性。

（三）园林工程项目施工现场管理的内容

1. 合理规划施工用地

确保现场用地的合理性。当施工现场用地不足时，施工单位和设计部门必须向安全交通部门提出申请，经批准后方可使用施工现场外的临时建筑用地。

2. 科学地进行施工总平面设计

在园林工程建设中，施工组织设计是一项非常重要的工作。其目标是对建筑工地进行科学的规划，使建筑空间得到最大限度的利用。在施工平面布置图中，临时设施、大型机械、材料堆场、材料仓库、构件堆场、消防设施、道路及出入口、水电管道、周转场地等都应该在其相应的位置上，并且都有合理的位置关系，从而让施工现场变得更加文明，方便工程的进行。

3. 按阶段调整施工现场的平面布置

由于不同时期的施工需求不同，需要对工地计划做不同的调整。其中，施工内容的变化是导致这些变化的主要原因，同时，转包单位的变化也给工地带来了新的要求。因此，建设场所不能只是一个固定的空间结构，而要随时进行管控，但也不能作太多次数的调整，否则就失去了意义。

4. 加强对施工现场使用的检查

现场管理人员应该对平面布置图的布置、各项规定、各项需求以及存在的其他问题进行检查，目的是保证施工现场的稳定。这样就可以为调整布置提供有效的信息，可以减少复杂施工过程造成的干扰和破坏。

5. 建立文明的施工现场

文明施工现场是指施工现场和临时占地范围内的秩序稳定、安全文明、保持环境卫生、绿地树木完好、四通八达、文物保存完整、防火设施完备、不影响居民生活、场容和环境卫生均符合规定。文明施工不仅是一项经济活动，而且也是一个系统工程。在建设文明的施工现场方面下功夫，可以有效提升工程和工作的品质，从而增强企业的声誉。因此，要把创建文明工地作为一项长期战略任务来抓。为此，必须实现领导层的高度负责、系统的全面监督、全面的检查、系统的章程制定、责任明确、整改落实和严格的奖惩制度。

①监工负责指挥。在公司和工区，分别组建一个由各个部门的主要负责人担任组长的施工工地管理领导小组，并组建一个以项目管理团队为中心的工地管理机构，保证整个企业的工地都能得到有效的管理。

②经过系统的筛选和审核。每个管理和业务系统都承担着现场管理的分口责任，每月组织检查以发现问题并及时进行整改。

③进行广泛的检查。对于现场管理方面的检查，应按照符合标准的要求，逐项进行检查，并填写检查报告，最终对现场管理先进单位进行评估。

④确立章程的组织架构。确保施工现场管理规章制度和实施办法的建立符合法律规定，严禁任何违规行为。

⑤责任对人。确保管理工作的有效实施，不仅需要明确各部门的责任，更需要明确每个部门人员的职责。

⑥落实整改。对存在的问题要进行认真调查研究，分析其原因，制定整改措施。一旦发现任何问题，必须立即采取措施予以纠正，避免再次发生。无论牵涉到哪个层级、哪个部门、哪个个体，都不能姑息，必须全面推进整改工作。

⑦严格执行奖惩制度。如果获得卓越的成绩，则应根据奖惩制度予以嘉奖；如果出现问题，则必须依照规定予以必要的惩罚。

6. 及时清场转移

建设完成后，项目管理团队应立即组织现场的清场工作，将所有的临时设备全部拆除，将剩余的材料运到新的项目中，使原计划的工地得到修复，使暂时被占用的土地能重新利用，以免造成以后的麻烦。

（四）园林工程项目施工现场管理的方法

现场施工组织对拟建工程项目在施工过程中的进度、质量、安全、节约和现场平面布置等方面进行指挥、协调和控制，以实现施工计划和施工组织设计的有效管理，从而不断提高经济效益。

1. 组织施工

根据施工方案，对施工现场进行有计划、有组织的施工活动，以实现施工活动的均衡和高效。要使工程施工顺利进行，就必须加强质量管理和控制。需要在以下三个方面展开工作，以确保任务的圆满完成：

①在施工过程中，必须具备全局思维的能力。园林工程是一项高度复杂的综

合性艺术工程，需要运用大量的工种和材料，并对施工技术提出极高的要求，因此，现场施工管理必须全面到位，统筹规划，要把重点放在对主要设备和人员进行组织安排上。在施工过程中，不仅要关注关键工序，还必须充分考虑非关键工序的施工，以确保施工质量；确保各工序的施工任务无缝衔接，同时提供充足的材料和机具，以确保整个施工过程的无缝进行。

②施工组织应当遵循科学、合理、务实的原则。在具体实施过程中，要严格按照计划进度进行操作。科学合理的施工组织设计必须以拟定的施工方案、施工进度和施工方法为基础，严格执行以确保施工的顺利进行。在施工过程中，必须紧密关注各项工作的时间要求，合理规划资源配置，以确保施工进度的顺利推进。

③必须对施工过程进行全方位的监控，以确保工程的顺利进行。由于施工过程的复杂性，每个环节都可能存在一些未被充分考虑的问题，这些问题可能在施工组织和设计中出现，因此需要根据现场实际情况及时进行调整和解决，以确保施工质量。

2. 施工作业计划的编制

基层施工组织在特定时间内以月度施工计划的形式下达施工任务的一种管理方式，即施工作业计划和季度计划。虽然其下达的施工期限较短，但对于确保年度计划的顺利完成具有重要意义。

由于工程条件和施工企业管理习惯存在差异，施工作业计划的编制方式和计划内容的繁简程度也存在差异。根据目前施工企业实际情况，一般都是先制定出详细的施工组织设计，再进行具体工序安排和材料消耗计算，最后编制出所需的各项主要经济技术指标。在撰写方式方面，通常采用定额控制法、经验估算法和重要指标控制法这三种不同的方法。

定额控制法是一种通过计算工期、材料消耗、机械台班和劳动力等方面的定额，以评估各项计划指标的完成情况，并编制出相应计划表的方法。根据这些计划指标进行分解计算，最后得到各分项工程或单位工程施工总进度计划。经验估算法是一种基于上一年度计划完成情况和施工经验的综合评估方法，通过对当前各项指标的估算，实现对工程质量的全面评估。综合平衡法是将各项目按一定比例分配到各分部或分项工程，计算其完工百分比，然后根据竣工百分比对各单位的工作量作出估计。在制定重点指标计划之前，必须先明确施工过程中哪些工序是需要特别关注的关键控制指标，然后再编制其他计划指标。综合平衡法是将上述三种方法相结合使用。在实际的工作场景中，这几种方法可以相互结合，以达到更好的编制效果。通常情况下，制定施工作业计划时需要考虑多个方面的因素。

①一份年度和季度计划的综合汇总清单。

②基于季度计划，编制一个综合工程计划汇总表，涵盖每个月份的详细计划。

③根据月度工程计划总结表中的本月计划形象进度，确定各单项工程（或工序）的本月日程进度，并绘制横道图以呈现，同时计算用工数量。

④根据施工日进度计划，确定月份的劳动力计划，并填写园林工程项目表，以确保工程进度的顺利推进。根据月施工进度安排劳动量和工时定额，编制月度工作量分配表。

⑤技术组织措施和成本降低计划表。

⑥制定必要的材料和机具月计，并编制月工程计划汇总表和施工日程进度表。

在制定计划时，应当对法定的休息日和节假日进行扣除，也就是说，每个月的所有天数不能连续计算为工作日。这样做可以减少工作量、节约时间，也有利于员工休息。此外，需留意恶劣天气的影响，如雨天或冰冻等，应适当保留余地，通常可将总工作天数增加 5%～8%。

3. 施工任务单

施工任务单是施工队向班组下达生产任务的主要形式。通过工作任务表，基层施工队可以更加清楚地认识到工作任务和工作范围，对工期、安全、质量、技术、经济的要求也能更加全面地认识。这对评价施工人员和施工机构都是很有帮助的。

4. 施工平面图管理

施工平面图管理是指根据施工现场的布局，对施工现场的水平工作面进行全面监控，目的是充分利用施工现场工作面的特点，合理组织劳动力资源，按计划系统施工。景观设计施工领域广、工序多、工作面分散，需要对建筑层面进行良好管理。

①现场平面图是建筑布局的基础，应仔细执行。

②如果现场平面布置图与现场情况不一致，则应根据具体施工条件提出修改建议。

③平面管理的核心是合理组织水平工作面，应根据施工进度、材料供应、季节条件等做出工作安排。

④在现有旅游景区的建设中，应注意公园的秩序和环境。为了避免景观混乱，

应对材料的堆放和运输施加一定的限制。

⑤在平面管理过程中，应注意灵活性和机动性。

⑥安全生产应放在首位。施工人员必须有足够的安全意识，注意现场动态的检查和管理，消除安全风险，加强防火意识，确保建筑安全。

5. 施工调度

施工调度是建筑管理的一种手段，它确保在合理的工作面上优化资源，有效地使用机械，合理地组织工作。施工的适度调度是一个非常重要的管理环节，应强调以下几点：

①为了减少多种劳动力资源的分配，施工组织的设计必须务实、科学、合理，调度工作必须基于计划的管理。

②施工调度安排的重点是劳动力和机械设备的配置，这需要准确了解工作的技术水平、操作能力、机械性能和效率等。

③在施工调度中，要确保关键工序的施工，并有效地将施工力量分配到关键路线。

④施工进度计划应结合具体建筑条件，因地制宜，实现时间和空间的最佳组合。

⑤时间表应体现及时、准确和预防性。

6. 施工过程的检查与监督

景观设计不应存在任何隐患。施工人员应注意对施工过程进行检查和监督，这应被视为确保工程质量和进行整个施工过程的重要环节。

（1）检查类型

根据检验场所的不同，建筑检验可分为两类：材料检验和中间作业检验。材料检验是指确保施工所需材料和设备的质量和数量的过程。中间作业检查是对施工过程中施工工作成果的检查和审批，分为施工阶段检查和隐蔽工程审批两种。

（2）检查方法

①材料检查。检验材料时，应出示检验申请、材料库存记录、抽样申请、试验填写表和证书。不要购买假冒伪劣的产品和材料；购买的材料必须附有合格证书、质量控制证书、制造商名称和生效日期。材料进出仓库时进行检查和登记，仓库保管员应选用经验丰富的工作人员，做好材料的收、储、发、存工作，做到"三检四拒"，即检查数量、质量、文件，拒收钞票不全、手续不全、数量不一致、质量差的材料。

②临时工作检查。一般工艺可以根据时间或施工阶段进行检查。在检查期间，需要准备施工合同、建筑说明书、建筑图纸、现场照片、各种质量保证材料和测试结果。园林景观的艺术效果是一个重要的评价标准，主要应从造型、大小、结构、色彩等方面进行检验和确认。对景观材料的检查应主要关注生存和生长状况，并实现多项检查和审批；对于隐蔽项目，要及时申请审批，审批通过后方可进行下一道工序；如果在检查中发现问题，应尽快提出审议建议。

二、施工现场管理规章制度

（一）基本要求

①企业标志应放置在花园项目施工现场的入口处。项目经理部负责现场布局和精细形象管理的总体设计和实施。各分包商应在项目经理部的指导和协调下，遵循分区的原则，对分包商施工现场实施文明形象管理计划，并严格执行。

②项目经理部应在现场入口处明显展示以下标志：

A.项目概述，包括工程的范围、性质、目的、发包人、设计人、承包人、监理单位的名称，以及施工的开始和结束日期。

B.安全纪律委员会消防公告牌，无重大事故的安全时间，安全生产文明施工标志，建筑平面图。

C.建筑项目管理部的组织结构和总局工作人员名单。

③项目经理部应将现场管理纳入定期检查中，并将其有机地纳入日常管理，认真听取周边单位和公众的意见和反馈，及时进行维修。

（二）规范场容的要求

①建筑工地外观的规范化，必须以施工图设计的科学化、合理化以及材料设备规范化为前提，才能保证施工工地外观的标准化。承包人应当按照其公司的管理水平，制定并健全施工图纸和工地物料、设备的管理标准，以便为工程管理人员提供工地管理计划。

②项目经理应根据建设工程方案和施工进度计划的要求，结合施工条件，对施工现场施工方案进行认真规划、设计、布置、操作和管理。

（三）施工现场环境保护

①建筑工地的污泥和废水未经处理不得直接排入城市下水道、河流、湖泊和池塘。

②禁止使用有毒有害废弃物作为土方工程的填料。

③建筑垃圾和淤泥应放置在指定区域，并每天清理。装载建筑材料、渣土或矿渣的车辆应采取有效措施，防止扬尘、飞溅或溢出。现场应按要求设置机动车清洗设施，清洗水应及时处理。

④施工机械的噪声和振动应采取适当措施加以控制。

⑤在人口密集区进行高噪声活动时，应严格控制作业时间，晚上施工不应过晚。

（四）施工现场安全防护管理

1. 料具存放安全要求

①大型模具应将底座螺栓朝上存放，使其自稳角为 70°～80°。长时间存放的大型模具应使用拉链捆绑。没有支撑或自稳角不足的大型模具应存放在专门的堆放架上。

②砖块、空心砖和小钢模应坚固放置，堆置最高高度为 1.5m，放在脚手架上的砖块高度不得超过三层边石。

③严禁靠墙存放水泥等袋装材料，严禁靠墙存放沙、土、石。

2. 临时用电安全防护

①在使用临时用电之前，必须按照规范要求制定施工组织设计方案，并建立必要的内部文档资料。

②对于临时用电，必须建立定期检查制度，对现场线路和设施进行检查并记录，以备查存档。

③临时的电力输送线路须按规格要求有序搭建。其中，架空线路需采用有绝缘层的导线，而不得使用塑料软线并不得集中在一个地方悬挂，也不能沿地铺设。为确保安全，当施工机具、车辆及人员无法达到规范规定的最小距离时，需要采用可靠的安全措施，以避免与内、外电线路接触。

④必须在配电系统中实施分层次的配电。所有配电箱和开关箱的安装和内部设置必须严格遵守相关规定。电箱内部电气配件必须经过可靠性和完好性的检验，

其选型和定值也必须符合规定。此外，所有开关电器都必须正确标明其用途。各种配电箱和开关箱应该保持外观完好、紧固、能够防止水雨和灰尘入侵。箱体必须使用安全色标进行标识，并分配唯一编号，箱内也必须保持整洁无杂物。在停止使用配电箱时，请确保切断电源并将箱门锁好。

⑤在使用独立配电系统时，必须使用符合规范的三相四线制的接零保护系统。而针对非独立配电系统，则需根据现场实际情况，采取相应的接零和接地保护方式。所有电气设备和电力施工机械的金属外壳、金属支架和底座，都需要执行可靠的接零或接地保护措施，以符合规定要求。

⑥使用手持电动工具时，必须遵守符合国家标准的相关规定。电动工具的电源线、插头和插座必须保持完好无损。电源线不能随意延长或更换，工具的外部绝缘应该保持完好无损，维修和保养应该由专业人员负责。

⑦对于在普通场所使用 220V 电源照明的情况，要求进行规定的线路布置和灯具安装，并在电源端安装漏电保护器。在特殊场所中，必须使用符合国家标准的安全电压照明器。

⑧电焊机应该独立设置开关。在使用电焊机时，需要对其外壳进行接地或零线接入，以确保安全。线路长度应控制在 5m 以下，而二次线路长度则应控制在 30m 以下。此外，对于接线处，必须压接紧固，并且要安装可靠的防护罩。

3. 施工机械安全防护

①施工组织设计应包含对施工机械进行定期检测的计划。

②在工地上，需要记录施工机械的安装、使用、检验及自我检查。

③在使用搅拌机前，应确保它已经被安装在防护罩内，以避免在操作时出现施工人员被砸伤或搅拌机被雨水淋湿的情况。同时，为了固定搅拌机，不得使用轮胎作为支撑。搅拌机在移动前必须事先断开电源，确保启动装置、离合器、制动器、保险链和防护罩完好，并保证其使用是安全可靠的；当停止使用搅拌机并升起料斗时，必须确保上料斗的保险链已经正确地挂好。在进行维修、保养、清理操作时，务必先关闭电源，并安排 1 名专人负责监护。

④机动翻斗车的行驶速度应保持在每小时 5km 以内，机动翻斗车的方向盘、刹车系统、车灯等各部分应当保持灵敏并正常工作。在行车过程中，不允许携带其他人。在将货物倒入槽、坑或沟之前，需保持安全间距并设置支撑物。

⑤进行蛙式打夯时，需要 2 位操作人员同时进行操作，而且他们必须佩戴绝缘手套和穿着绝缘胶鞋。在使用手柄时，需要进行绝缘处理。在使用打夯机后，务必将电源关闭，并禁止在机器运转时清除积土。

⑥为确保安全，在使用钢丝绳时，必须保证足够的安全系数。任何超过标准的表面磨损、腐蚀、断丝，或者打死弯的都不允许使用。

4. 操作人员个人防护

①所有进入施工区域的人员都必须佩戴安全帽。

②如果作业高度超过 2m，并且无法采取有效的安全防护措施，则作业人员必须佩戴安全带。

③从事电气焊、剔凿、磨削等作业的人员必须佩戴面罩或护目镜。

④进行特殊作业的人员必须拥有有效执业证书，并穿戴适当的劳保设备。

（五）施工现场的保卫、消防管理

①必须在工程施工现场执行有效的安全保卫措施，以防止盗窃事件的发生。为了安全起见，必须在施工现场设置门卫，并根据情况考虑是否增设警卫。在施工现场，主要管理人员必须佩戴证件，并且必须使用与现场施工人员相同的标志。可以使用磁卡管理进出场人员，但需要满足一定条件。

②在工程承包过程中，必须遵守《中华人民共和国消防条例》的规定，建立和实施符合标准的防火管理制度，在施工现场设置消防车道和道路，并安装符合需求的消防设备，确保备用状态完好。禁止在现场吸烟，如有需要可以设置吸烟室。

③在工地上，所有通道、消防入口和紧急疏散楼道等，必须配备清晰的标记或指示牌。在限制高度的场所中，应当设置限制高度的标志。

④在施工现场，需要根据材料的特性，采取相应的措施，如防雨、防潮、防晒、防冻、防火、防爆和防损坏等，来保管材料。

⑤在易发生盗窃案件的场所，如更衣室、财务室和员工住宿区，需要指派专人进行管理，并制定相应的防范措施，以预防盗窃事件的发生。禁止员工赌博、饮酒过度、传播淫秽物品或参与打架斗殴。

⑥设置料场和库房时必须符合治安和消防的要求，并应配备必要的安全设施。在离开现场时，员工需要获得门禁证才能出门。

⑦为确保消防器材灵敏有效，需要在施工现场提供充足的器材，并以合理的布局进行安置，经常进行维护和保养，同时还需要采取防冻保温措施。

第二节　施工进度管理

一、施工进度控制概述

（一）施工进度控制的概念

在施工过程中，除了质量控制外，施工进度控制和成本控制也非常重要。这是一项重要的措施，以确保施工工程在限定的时间内完成，合理安排资源供应并节约工程成本。

（二）施工进度控制的方法和任务

1.施工进度控制的方法

主要的施工进度控制方法包括计划制订、进度监督和协调沟通。规划包括设定施工总进度控制目标和分进度目标，同时制订相应的进度计划。在施工过程中，控制指的是对实际施工进度和计划进度进行比较，并在出现偏差时及时采取措施进行调整。协调指的是安排不同单位、部门以及工作团队之间的进度关系，以确保施工进度的顺利进行。

2.施工进度控制的任务

施工进度控制的任务是制订施工总进度计划并监控其实施，以确保按计划定时完成整个施工过程。制订单位工程施工进度计划并监督其实施，可以确保按时完成该工程的建设任务。制订并管理分项工程施工进度计划，可以确保按时完成工程任务。制订季度和月（旬）作业计划，可以确保计划得以实施，达到既定目标。

（三）施工进度控制的内容

施工进度控制可分为事前进度控制、事中进度控制和事后进度控制。在进度控制的不同阶段，控制的内容也不一样。其中，施工阶段进度控制的内容最复杂也最关键。现以施工阶段为例，叙述其主要内容。

1. 执行施工进度计划

应根据园林工程施工前编制的施工进度计划，编制出月（旬）作业计划和施工任务书。在施工过程中，应做好各种记录，为计划实施的检查、分析、调整提供原始材料。

2. 跟踪检查施工进度情况

进度控制人员应深入现场，随时了解施工进度情况。

3. 施工进度情况资料的收集、整理

通过现场调查收集反映进度情况的资料，并加以分析和处理，为后续的进度控制工作提供确切、全面的信息。

4. 实际进度与计划进度进行比较分析

经过比较分析，确定实际进度比计划进度是超前了还是拖后了，并分析进度超前或拖后的原因。

5. 确定是否需要进行进度调整

一般情况下，施工进度超前对进度控制是有利的，不需要调整，但是进度的超前如果对质量、安全有影响，对各种资源供应造成压力，则有必要加以调整。

对施工进度拖后且在允许的机动时间里的，可以不进行调整。但是，对于施工进度拖后将直接影响工期的关键工作，必须做出相应的调整措施。

6. 制订进度调整措施

对决定需要调整的后续工作，从技术、组织和经济等方面做出相应的调整措施。

按上述过程不断循环，从而达到对施工工程整体进度的控制。

二、施工进度的监测

（一）前锋线比较法

1. 前锋线比较法的概念

前锋线比较法是一种通过绘制实际进度前锋线来比较工程实际进度和计划进度的方法。该方法主要适用于时标网络计划，能够有效地帮助管理人员了解项目进度情况，及时进行调整和优化。前锋线指的是根据检查时刻的时间节点，在原始的网络计划图上连线各项工作实际进展的折线。

2.前锋线比较法的步骤

前锋线比较法就是通过实际进度前锋线和原进度计划中各工作箭线交点的位置来判断工作实际进度和计划进度的偏差，进而判定该偏差对后续工作及总工期影响程度的一种方法。采用前锋线比较法进行实际进度与计划进度的比较，其步骤如下：

（1）绘制时间轴网络图

为表示工程项目实际进度的前沿线，可以在时间轴网络图上标出。为便于观察，时间轴网络图的上下各设置一个时间坐标。

（2）绘制实际进度的前进线

以检查日期作为起点，从时间坐标网络计划图上方开始，依次连接相邻工作的实际进展位置点，最终连接至时间坐标网络计划图下方的检查日期。

（3）比较实际进度和计划进度的差异，可以通过前锋线来明显展示检查日期的相关性。一项工作的实际进展与计划进度之间可能存在以下三种情况：

①工作实际进度落在检查日期之前，这意味着该工作的实际进度比计划进度滞后，时间滞后为二者之差。

②根据检查日期所在的进展位置可以得出结论，该工作的实际进度与计划进度相符。

③从检查日期往后看，可以发现该工作实际进展已经超过了预期进度，超前的时间为二者之差。

（二）建设工程进度监测

监测进度计划的执行情况是进行进度分析和调整的基础，也是实现进度控制的重要步骤。

定期收集反映工程实际进展的相关数据是跟踪检查的核心工作。所收集的数据必须全面、真实、可靠，进度数据的缺失或错误可能会导致判断不准确或做出错误的决策。

1.进度计划执行中的跟踪检查

①定期汇总进度报表数据。进度报告是主要记录工程实际进度的方式之一。根据监理制度的规定，进度计划的执行单位需定期完成进度报表，并确保时间和

报表内容准确无误。

②进行现场勘察，了解工程进度状况。派遣监理人员驻扎工地，定期检查进度安排的实际执行情况，这有助于加强进度监测工作，获取工程实际进度的最新、最准确资料，以使数据更及时。

③定期举行面对面的会议。定期召开现场会议，让监理工程师与进度计划执行单位有关人员直接沟通交流，以便相关人员了解工程进度情况、协调进度关系并达成共识。

2. 实际进度数据的加工处理

为了比较实际进度与计划进度的差别，需要对收集到的实际进度数据进行加工处理，以产生可与计划进度进行比较的数据。

3. 实际进度与计划进度的对比分析

通过对实际进度数据与计划进度数据进行对比，可以确定建设工程的实际执行情况与计划目标之间的差异。一般情况下，为了更直观地反映实际进度与计划进度的差异，通常会采用表格或图表的形式进行对比分析，以便判断实际进度的偏差程度并确定其是否存在超前、滞后或与计划进度一致等情况。

4. 分析进度偏差对后续工作及总工期的影响

在工程项目的执行过程中，若发现实际进度与计划进度存在差异，需对此进行分析，以确定该差异对后续工作及整个工期目标的影响，并做出相应的调整措施，以保证项目进度的无误执行。不同的进度偏差大小和位置会对后续工作和总工期产生不同的影响，在分析时需要考虑网络计划中的工作总时差和自由时差概念来做出判断。以下是分析的步骤：

①判断发生进度偏差的工作是否为关键工作。如果一个任务的进度偏差发生在关键路径上，也就是这个任务是关键任务，那么无论这个偏差有多小，都会对后续任务以及整个项目完成时间产生影响，因此必须采取适当的调整措施。如果出现偏离计划的任务是次要的任务，则需要进一步分析进度偏差值与总时差和自由时差之间的关系。

②分析进度偏差是否超过预定时间表。如果某项工作的进度偏差大于该项工作的总时差，那么这个进度偏差会对该工作后续任务的总时差产生影响，但并不会影响整个工期。要深入分析偏差值与自由时差的关系，以衡量其对后续工作的影响程度。

③分析是否存在进度偏差超过了自由时差的情况。当工作进度的偏差大于其自由时差时，后续工作可能会受到影响，因此需要根据后续工作的限制条件来确定必要的调整措施。

三、施工进度的调整

（一）进度调整系统过程

当工作的进度偏差未超过该工作的自由时差时，后续的工作进度不会受到影响，因此不需要调整原进度计划。如果发现实际进度和计划进度不一致，也就是发生了进度偏差，就需要仔细分析导致这个偏差的原因以及对后续工作和总工期的影响。如果有必要，则应该采取合理、有效的进度计划调整措施来确保整个项目进度能够按时实现（图5-2-1）。

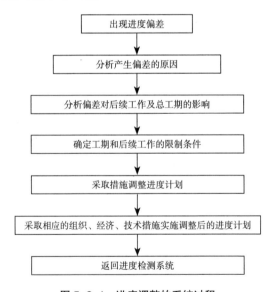

图 5-2-1 进度调整的系统过程

首先，需要全面分析原因，以避免类似问题再次出现。在发现进度偏差后，要采取有效措施调整进度计划，需要相关人员深入现场进行调查，分析导致进度偏差出现的原因。

其次，评估进度偏差对接下来的工作和总工期所产生的影响。在确定进度偏差的根源后，需要评估偏差对后续工作和总工期的影响，并考虑是否需要在进度计划中采取措施，以确保工程进程按计划进行。

再次，需要确定关于后续工作和总工期方面的限制和条件。如果进度偏差会对后续工作或总工期产生影响，就需要进行进度调整。在此之前，应确定可调整进度的范围，包括关键节点、后续工作的限制条件和总工程允许变化的范围。

从次，采取措施调整进度安排。为确保实现目标进度调整进度时，应考虑后续工作和总工期的限制条件。

最后，执行经过调整的项目进度计划。一旦调整了进度计划，就应该采取相应的组织、经济和技术措施来实施新的计划，并继续密切关注新的计划的执行情况。

（二）进度调整方法

当实际进度偏差对后续工作产生影响并需要调整进度计划时，有两种主要的调整方法可供选择：

第一，为改变某些工作时间的逻辑关系。在工程项目实施过程中，如果进度偏差影响了总工期并且有关工作的逻辑关系允许进行调整时，可以考虑调整关键路径上的工作之间的逻辑关系，以达到缩短工期的目的。采用平行作业、搭接作业或者分段组织流水作业等方式，都能够有效地缩短工程的完成时间，而不会改变工作流程的本意。

第二，缩减某些工作的时间要求。这种策略旨在确保按计划完成工程项目的同时不会改变各项工作之间的逻辑关系。具体实现方法包括增加资源投入、提高工作效率等，以缩短某些工作的持续时间，从而加速整个工程进度。这些工作的持续时间被压缩，它们分别位于关键线路和超过计划工期的非关键线路上。这些工作可以缩短工作时间而不影响工作结果。通常可以直接在网络图上执行此调整方法。

第三节　施工安全管理

园林工程施工期间需要进行全面的安全管理，包括对生产要素投入、作业和管理活动的实施情况进行管理和控制。具体包括对作业技术活动的安全管理、施工现场的文明施工管理、劳动保护管理、职业卫生管理、消防安全管理和季节施工安全管理等。

一、作业技术活动的安全管理

园林工程的施工过程是由现场的一系列施工作业和管理活动共同完成的，这些作业和管理活动的效果将直接影响施工过程的安全性。为了保证园林建设工程项目施工的安全性，项目管理人员必须进行全程、全方位的动态管理，以确保施工过程的安全性。下面列举了作业技术活动的安全管理主要方面：

（一）从业人员的资格、持证上岗和现场劳动组织的管理

施工现场管理人员和操作人员必须符合政府有关部门的规定，具备相应的执业资格、上岗资格和任职能力。现场劳动组织的管理要考虑操作人员、管理人员和管理制度，以满足作业要求。操作人员数量必须恰当，工种要合理，管理人员要足够，管理制度也必须完善，才能确保其执行。

（二）从业人员施工中安全教育培训的管理

对于进入园林工程施工企业施工现场的从业人员，项目负责人必须依照安全教育培训制度的规定，进行必要的安全教育培训。安全教育培训的涵盖范围主要有：新员工"三级安全教育"、工种转换安全教育、工作场所变更安全教育、特殊作业安全教育、每日班前安全会议、每周安全活动、季节性施工安全教育和节假日安全教育等。为保障施工安全，施工企业的项目经理部应当实现安全教育培训制度的有效执行，并定期进行检查和考核，记录教育培训的实施情况及检查和考核的结果。

（三）作业安全技术交底的管理

园林工程施工企业技术管理人员会根据工程的需求、特点和危险因素编写安全技术交底，这份文件是操作者执行工作的指引。这份文件主要涵盖了该园林工程施工项目的施工作业特点和潜在危险，具体防范措施，安全注意事项，安全操作规程与标准，以及应急避难和急救措施等内容。

作业安全技术交底的管理重点在于两个方面：第一，必须严格遵守安全技术交底的要求，并确保实施和落实；第二，需要根据工种、施工对象的不同情况，

或者按照阶段、部位、项目、工种等进行安全事项的告知交流。

（四）对施工现场危险部位安全警示标志的管理

在园林工程施工现场的入口、起重设备周围、临时用电设备、脚手架、出入通道、楼梯、孔洞、桥梁、基坑边缘、危险物品和危险气体或液体存放处等危险区域应该放置易于看见的安全警告标志。

（五）对施工机具、施工设施使用的管理

园林施工企业机械管理部门必须在使用施工机械之前对其进行安全保险、传动保护装置，以及使用性能的检查和验收，并填写相应的验收记录。机械设备只有检验合格后方可使用。在施工过程中，需要对施工设备和工具进行检查、维护、保养和调整。

（六）对施工现场临时用电的管理

在园林工程施工现场，为了确保临时用电的安全使用，必须在组装完毕通电投入使用前进行检查验收。检验验收包括变配电装置、架空线路或电缆干线的铺设、分配电箱等用电设备。施工企业的安全部门和专业技术人员需要共同遵循临时用电组织设计的规定进行验收。如果发现不符合要求的电器设备，就需要及时整改，并待复查合格后，填写验收记录。日常检查、维护和保养由专门负责电器的电工负责。

（七）对施工现场及毗邻区域地下管线、建（构）筑物等专项防护的管理

在园林施工过程中，要确保施工现场及周边地下管线（如供水、供电、供气、供热、通信、光缆等）以及相邻建筑和地下工程不受损害。为此，施工企业应采取专项防护措施，尤其是在城市市区进行施工的工程，需要组织专人进行监控，确保施工工程的顺利进行。

（八）安全记录资料的管理

在进行园林工程施工前，需要依据建设单位的要求和工程竣工验收资料组卷归档的规定，制定每个施工对象的安全资料清单，主要记录和保存安全记录资料。随着园林工程的推进，园林施工公司需要持续更新记录，包括材料、设备和施工

过程等相关信息，以反映最新进展情况。在每个施工或安装阶段完成时，需要及时记录和整理相关的安全数据，用来备案。园林施工所需的安全资料必须做到真实、全面、完整。相关人员必须签字且签名清晰，结论也必须明确。此外，施工安全资料还需要与施工进程同步更新。

二、文明施工管理

采用文明施工方式可以维护工程作业环境和秩序，有效促进建设工程的安全生产，推动施工进度加快、提升工程质量，降低工程成本并增加经济和社会效益，具有重要的意义。为确保施工项目进展顺利，园林工程必须严格遵守《建筑施工安全检查标准》（JGJ59-2011）规定的文明施工要求。进行文明施工需要注意以下几点管理要素：

（一）组织和制度管理

在园林工程施工现场，应当成立一个由施工总承包单位项目经理负责的文明施工管理组织。分包单位应遵守总承包单位制定的文明施工管理规定，并接受总承包单位对其进行的统一管理和监督。所有的施工现场管理制度都应该包含可以推动文明施工的条款，具体包括了个人的岗位责任、经济责任、安全检查、持证上岗、奖惩、竞赛以及各项专业管理制度等内容。同时，在工程建设中，要强化文明检查、考核、奖罚等方面的管理，使工程建设的文明进行得更好。需对各方面进行全面细致地审查，包括但不限于生产、居住、场地整体形象、环境卫生以及相关规定的实行情况等，对审查出来的问题必须立即实施整改方案。

（二）建立收集文明施工的资料及其保存的措施

法律法规和标准规定是文明施工会用到的两类资料，包括文明施工的管理规定，各施工阶段采取的文明施工措施，文明施工的自检材料，以及文明施工教育、培训和考核计划资料，记录文明施工活动的各种文件等。

（三）文明施工的宣传和教育

为了提高文明施工水平，总承包单位需要为作业人员提供各种培训机会，如参加短期培训、上技术课、听广播、观看录像等，要特别重视对临时工进行岗前教育。

三、其他方面安全管理

（一）职业卫生管理

相较于其他建筑业，园林工程施工的职业危害较为缓和。园林工程施工所涉及的职业危害种类与其他行业相似，主要表现为粉尘、毒素、噪声、振动危害和高温等伤害。在实际的工程施工中，需采用相应的卫生防治技术手段。上述技术措施包括但不限于防尘、防病毒、降噪、减震、降温等方面。

（二）劳动保护管理

劳动保护工作包括两大部分：第一部分是劳动防护用品的发放，第二部分是劳动保健工作的实施。为了保证工人的人身安全，必须按照国家经济贸易委员会《劳动防护用品配备标准》和劳动部 2005 年 7 月 22 日发布的《劳动防护用品监督管理规定》的有关规定，按照工作需要发放、使用和管理防护用品。

（三）施工现场消防安全管理

在我国，防火工作是遵循以防为主、防与消相结合的原则进行的。"以防为主"是指将预防火灾放在第一位，通过加强消防宣传、增强群众的消防意识、完善消防组织、严格消防制度、加强消防检查、消除消防隐患、实施消防工程等。"防消结合"是指在做好上述工作的同时，要从组织、思想、物资、技术等多方面做好扑救工作。例如，遇火灾，可迅速、有效地灭火。

与一般建筑工地相比，园林工程施工现场的火灾隐患发生的概率要小得多，虽小但还是存在。

（四）季节性施工安全管理

季节性施工是指在雨季或在冬天和夏天进行的施工。在雨季施工时，要做好对于雨水和雷电的防护，在做好排涝工作的同时，要做好预防触电、预防地面坍塌的工作，沿河地区的施工现场也要做好防洪工作。

在靠山工程中，必须采取预防山体滑坡的措施，对脚手架和塔吊等设备进行防风。在冬天的时候，要做好防滑、防冻的准备，居住、办公的地方要做好防火、防煤气的准备。在夏季施工时，必须采取相应的防暑降温措施，以避免高温中暑。

四、安全管理制度

为了贯彻执行安全生产的方针，有必要设置健全的安全管理制度。

（一）安全教育制度

为了提升园林施工企业的安全教育，具体内容有以下几个方面：政治思想教育、劳动保护方针政策教育、安全技术规程和规章制度、安全生产技术知识教育、安全生产典型经验和事故教育等。

①对新员工、调换员工和实习员工，在入职前，都要对他们进行一次岗位培训，培训内容包括：工作岗位的性质与职责，安全技术规范与制度，安全防护设备的性能与运用，以及个人防护用品的使用与管理。只有经过培训和考试，他们才可以进入岗位，独立工作。

②对特种作业人员，如电气、焊接、起重、机械操作、汽车驾驶、树木移栽等特种作业人员，除了要对他们进行一般的安全培训之外，还要对他们进行特种作业技术的培训。

③每月举办安全教育主题会，组织员工进行安全技术交流、深入事故现场学习总结安全知识，在单位举办安全展览等安全宣传活动。与此同时，还应与自己单位的实际情况相结合，有针对性地采用各种形式和方式。比如，在单位显眼区域挂上各种安全挂图、组织举行演讲会、邀请安全专家来科普、网络教育等，来提升员工的安全生产意识。

（二）安全生产责任制

构建并完善各级安全生产责任制度，对各级领导人员、各专业人员在安全生产中所承担的责任进行明确规定，并认真、严格地贯彻落实，对发生的事故，必须追究各级领导人员和各专业人员的责任。可以根据实际需要，设立劳动保障组织，并配备专门人员。

（三）安全技术措施计划

安全技术措施计划主要包括：保证园林施工安全生产、改善劳动条件、防止伤亡事故、预防职业病等各项技术组织措施。

（四）安全检查制度

在建设和生产过程中，要及时发现安全问题，堵住安全漏洞，将安全隐患扼杀在萌芽状态。要根据季节特征，做好防灾、防雷击、防坍塌和防高空坠物的防护工作。要坚持自我检查为主、全体人员共同监督的方针，坚持"边查边改"。

（五）伤亡事故管理

1.认真执行伤亡事故报告制度

当发生伤亡事故时，要迅速展开调查，做到登记准确、统计真实和处理及时。在分析事故原因时，要从多个方面开展。例如，技术、生产、设备、制度和管理等，根据所做的调查结果提出应对方案。对于在事故中没有尽职尽责、擅离职守的责任人，要严格追究他们的刑事责任。

2.进行工伤事故统计

①文字分析，根据事故调查对安全生产情况进行分析，发现主要问题并提出改进建议，以定期报告的形式向领导和相关部门提交，以供开展安全教育使用。

②数值统计和具体数据的记录可以简明扼要地概述事故情况，以便进行深入分析和比较。

③统计图和表等方式可以说明意外事件的变化规律及它们之间的联系，常用的有线图、条图、百分数圆图等。

④生产技术管理文件应包括工伤事故记录。技术安全部门应收集工伤事故明细登记表、年度事故分析数据、死亡、重伤和典型事故等信息，以便对事故进行分析、比较和评估。

3.事故处理

在建筑工地发生安全事故时，第一要务就是排除危险，并且迅速组织人员抢救伤者；及时报告有关部门，采取有效措施，确保现场安全，并通知有关人员及目击人员留在现场，等候进一步的调查。在出现重大事故的时候，一定要建立一个专门的调查组，对事故进行全面的调查和了解，从而对事故的过程和原因有一个透彻的认识，明确事故的性质和责任，并给出相关的处理意见，同时还要做好善后工作。最后，有必要做一个总结，吸取经验教训，制定防止类似事故再次发生的安全措施，并向上级主管部门汇报。

（六）安全原始记录制度

根据安全原始记录总结安全经验、找到安全措施。安全原始记录也是监督和检查安全工作的基础，因此需要重视并切实做好安全原始记录工作。

（七）工程保险

在进行大规模、复杂的园林建设工程中，环境多变，工作环境恶劣，安全事故频发，存在很大的风险。为此，除应采取多种技术、管理等安全措施之外，还应投保项目保险，并在合同中进行明确的约定。

第四节　施工质量管理

一、园林景观工程施工质量概述

（一）基本概念

1. 施工质量和质量控制的概念

施工质量是指在施工过程中形成的工程品质，需要满足用户生产和生活需求，同时达到设计、规范和合同规定的质量标准。

质量控制是为了满足质量要求而采取的工作技术和措施。全面质量管理是园林工程施工中实现高质量目标的重要手段和核心内容。在施工管理中，质量控制是主要目标之一，必须全面开展工程质量管理工作。

2. 全面质量管理

TQC（Total Quality Control）是一种管理方式，涉及企业的整个生产流程、全体员工以及整个企业的管理。这种管理方式就是全面质量管理，也被称为"三全管理"，包括全过程管理、全员管理和全企业管理。

全面质量管理是指施工企业对所有的企业、人员和施工过程进行全面的质量管理，旨在确保和提高工程质量。其内容包含产品质量、工序质量和工作质量。所有相关人员都应全面参与质量管理，要求施工部门和所有工作人员在整个施工过程中都应积极主动地参与工程质量管理。

质量管理的目的是用最经济的方法制作出能充分满足设计图和施工说明书的优良产品。在工程的所有阶段都要应用统计方法进行管理。

（二）园林工程施工质量管理的特点

园林项目施工的范围非常广泛，是一个复杂的多方面过程。其所处位置固定，但生产流程、结构、质量、施工方式等方面各有不同，同时园林系统的大小和整体性强，建设时间长，也非常容易受到自然环境的影响。因此，相较于一般的工业产品，要掌控园林施工项目的质量更加困难。其主要表现在以下几个方面：

1. 质量受众多因素的影响

园林施工项目的质量受多方面因素影响，包括设计、材料、机械设备、气象条件、水文环境、施工工艺、技术手段和管理制度等。

2. 可能导致质量不稳定

园林工程施工与工业产品生产有所不同，缺少固定的自动性和流水线，缺乏规范化的生产工艺和完善的检测技术，不具备系统的生产设备和稳定的生产环境，也没有相同系列规格和相同功能的产品。园林施工项目存在许多偶然性和系统性因素，这些因素都会影响项目的质量，因此，园林施工项目的质量易发生变异。微小的差异，正常的使用磨损，轻微的操作变化，以及环境波动等因素都有可能导致偶然因素造成产品质量的变化。如果使用的材料的规格、品种有误，施工方法不得当，操作不符合规程，机械出现故障，仪表失灵或设计计算存在错误等问题，都有可能导致工程质量的问题。这种质量问题是系统性的，会产生多方面的负面影响，甚至可能导致工程质量事故的发生。为了避免系统因素对园林施工造成多种质量变异，必须控制质量变异的程度，要把质量变异控制在偶然性因素范围内。

3. 容易产生第一判断和第二判断错误

因为园林施工项目涉及的工序交接繁杂，中间产品众多，隐蔽工程也很多，所以必须及时对实际情况进行检查，否则只看表面，很容易产生第二判断错误。换句话说，很容易把不合格的产品误认为是符合标准的产品。相反，如果检查过程不细致，检测仪器不准确，或者读数有误，就可能导致第一判断出现错误，也就是将合格的产品误判为不合格。这一点应该在进行质量检查验收时得到重视。

4. 进行质量检查时须保持完整

一旦园林工程项目建成，就无法像某些工业产品那样重新拆卸、检查内部质量或更换零部件。

5. 投资、进度制约项目的质量

一般情况下，园林施工的质量受投资和进度的影响较大。通常情况下，投资越多，进度越缓慢，施工质量就会更好。相反地，质量则较低。因此，园林工程施工需要考虑质量、投资和进度三者之间的关系，并做出正确的处理，以使它们保持对立统一。

（三）园林工程施工质量管理的原则

园林工程施工中的质量控制，指的是采取一系列的检测、监控措施、方法和手段，以确保遵守合同和规范所规定的质量标准。进行施工质量控制时，应遵循以下原则：

1. 始终将质量放在首位，重视用户需求

"质量第一，用户至上"是商品经营的基本原则。建筑产品是一种特殊的货品，其使用寿命较长，对于人们的生命财产安全有着重要的影响。在进行园林工程施工时，应始终把保证质量、用户需求优先作为质量控制的基本原则。

2. 以人为核心

人是品质的制造者，因此质量控制必须"以人为中心"，将人作为管理的引擎，激发人的热情和创造力，应加强个人的责任意识，倡导以质量为先的理念，提升个人素质，减少个人疏忽。通过保障劳动者的工作质量，来提高工序的质量并推动工程的整体质量。

3. 注重预防措施

采取预防为主的方法意味着将重心从质量事后检查调整到事前和事中的质量控制上，从对产品的质量检查，转向对工作流程、工序和中间产品的质量检查。这是有效维护施工质量的手段。

4. 持续遵循质量标准

产品质量的度量标准是质量标准，而数据则是实施质量控制的基础和基石。要确定产品质量是否达标，必须进行精确的检验，并依赖数据进行评估。

5. 遵循科学、公正、合法的职业准则

当施工企业的项目经理解决质量问题时，需要考虑客观事实，尊重科学，保持诚实和公正，并且避免产生偏见。坚守法律法规，抵制不良行为，一方面要始终遵循原则，要求严格，公正公平地处理事务，另一方面要保持谦虚谨慎的态度，实事求是地解决问题，用道理说服他人，同时也要热情主动地给予他人帮助。

二、园林景观工程施工质量管理程序

在进行园林工程施工的全过程中，管理者要对园林工程施工生产进行全过程、全方位的监督、检查与管理。与工程竣工验收不同，园林景观工程施工质量管理不是对最终产品的检查、验收，而是对施工中各环节或中间产品进行监督、检查与验收。这种全过程、全方位的中间质量管理控制程序，如图 5-4-1 所示。

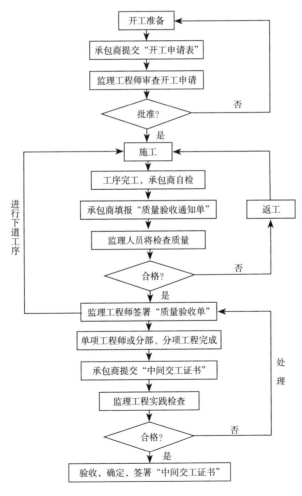

图 5-4-1　园林景观工程施工质量管理程序

三、园林工程施工质量管理

（一）施工准备阶段的质量管理

项目在正式施工开始之前，对准备工作、影响项目质量的各个因素和相关方面进行的质量控制，这被称为施工准备阶段的质量控制。施工准备是在进行施工生产时必须提前完成的工作，以确保施工生产正常进行。在施工的整个过程中，施工准备工作不仅仅需要在开工前进行，还需要贯穿始终。施工准备的基本职责是创建所有必要的施工条件，以确保顺利完成施工生产并保证工程质量符合要求。

1.技术资料、文件准备的质量控制

（1）调查资料

调查施工项目所在地的自然条件和技术经济条件，是为了采用适当的施工技术和组织方案，收集必要的基础资料，为施工准备工作提供依据。要收集的资料包括但不限于以下方面：地形和环境、地质状况、地震等级、水文地质情况、气象状况，同时还需要关注当地的水、电和能源供应，交通运输状况和材料供应情况等各方面的情况。

（2）施工组织设计

施工组织设计是一份综合性的技术经济文件，它的目的是指导施工准备和组织施工。在进行施工组织设计时，需要进行两个方面的管理：首先，必须考虑施工顺序、施工流程，以及各分部分项工程的施工方法、特殊项目的施工方法和技术措施是否能够确保工程质量，从而确定施工方案并制定施工进度。其次，在制定施工方案时，需要进行技术经济比较，以确保工程项目符合各项标准和规定，且具备良好的可行性、有效性和可靠性。同时，需要在经济成本方面进行考虑，争取在保证质量的前提下，尽可能缩短工程工期、降低成本，并确保安全生产，确保经济效益。

（3）法律、法规文件

政府及有关部门颁布了有关质量管理的法律、法规文件和验收标准，这些文件规定了工程建设中各方的质量责任和义务，明确了质量管理体系的建立要求、标准、问题处理要求和验收标准。这些文件是进行质量控制的重要指导。

（4）工程测量控制资料

在施工前，获取原始基准点、基准线、参考标高和施工控制网等数据资料是工程测量控制的关键。这些资料是进行质量控制基本工作的主要依据，也是测量控制的主要内容。

2.设计交底和图纸审核的质量控制

设计图纸是确保工程质量的重要参考依据。为确保施工单位理解相关的设计图纸，全面了解拟建项目的特点、设计意图、工艺和质量要求，减少图纸错误、消除潜在的质量问题，应认真开展设计交底和图纸审核工作。

（1）设计交底

在进行交底前，设计单位需要向施工单位有关人员介绍设计方案。

（2）图纸审核

图纸审核是设计和施工单位用以保证质量的重要手段，通过审查，施工单位能够熟悉设计图纸，理解设计意图和关键部位的工程质量要求，发现和修复设计错误，从而保证工程质量。

3.采购质量控制

采购质量控制的关键在于掌握对采购产品和供应商的核心控制，确保符合采购要求并验证产品的合格性。建设项目中的工程分包，在采购方面也需要符合相关规定的要求。

（1）物资采购

采购的物资必须符合设计文件、标准规范、相关法规和合同要求。如果项目部还有其他的额外质量要求，那么也必须满足。

企业主管部门可以对供应重要物资、大量物资、新型材料，以及对工程质量至关重要的物资的供应商逐一进行评估，并确定有资格提供这些物资的供应商名单。这样做有助于确保工程的最终质量。

（2）分包服务

在选择不同的分包服务时，应依据服务的规模和控制的难易程度进行差别化管理。分包服务的动态控制通常通过签订分包合同实现。

（3）采购要求

采购要求是控制采购产品的重要因素。采购要求具有多种形式，包括合同、订单、技术协议、询价单和采购计划等。

（4）采购产品验证

对采购的产品进行验证，可以采用多种方式，如实地检查供应商的设施、进行进货检验、核查供应商提供的合格证明等。对于各种不同的产品或服务，应当设定相应的验证标准和验证程序，并保持执行的严格性。如果组织或其客户计划在供应商的现场进行验证，则应在采购要求中提前规定。

（二）园林工程施工过程的质量管理

建设工程的实体化过程是通过施工完成的，同时施工也是决定最终产品质量的关键性阶段。如果想要工程项目的质量得到提升，就必须严密监控施工阶段的质量情况。根据施工组织设计总进度计划，需要制定具体的分项工程施工作业计划和相应的质量计划，以控制材料、机具设备、施工工艺、操作人员、市场环境等会影响质量的因素，确保建设产品的整体质量始终保持稳定。

1. 园林工程施工过程质量控制管理的重要性

园林工程项目的施工受到许多因素的影响。工程项目的位置是固定的，规模巨大，而且在不同的项目地点可能会出现不同的质量问题。如果工程项目建成后出现质量问题，就没有像某些工业产品那样可以拆卸、更换配件或实施"包换"和"退款"的方案可行。因此，在工程项目的施工过程中严格控制质量显得极为关键。

2. 园林工程施工过程质量控制管理的要点

（1）施工建设的物质控制管理

在园林工程的施工中，必须对用于施工的材料、构配件、设备等进行物质控制管理，其中必须重点把握"四个方面"，也就是采购、检测、运输保险和使用过程中的管理。应该挑选具有高水平的政治素养和品质鉴定技能的采购和保管人员。选择合适的供货商是获取信息的关键。选择经过国家认可并拥有一定技术力量和资金保证的供应商，再选用拥有合格证书且具备良好社会声誉的产品，将有助于园林工程在保证材料质量的同时，降低材料成本。要想解决材料市场产品质量良莠不齐的问题，需要对建材、构配件和设备进行全过程的质量监控。

（2）施工工艺的质量控制管理

在工程项目的施工中，需要进行施工工艺的质量控制管理。为此，需要制定"施工工艺技术标准"，明确每个作业活动和工序的操作规程、规范要点、工作顺序和质量要求。提前告知操作者上述内容，并要求认真遵守。必须验证关键环节的质量、工序、材料和环境，以满足标准化、规范化、制度化的质量控制要求，确保施工工艺的质量符合规定。

（3）施工工序的质量控制管理

对于施工工序的质量控制管理而言，需要关注人员、材料、机具、方法和环境等因素。通过有效的控制这些因素，可以将工序质量的数据波动限制在允许的范围内。通过工序检测的方式，精准地评定建筑工程的工序质量是否符合规定的要求，并且是否具备持续稳定的状态。当出现不符合标准的情况时，需要对其进行原因分析，并采取必要的措施，将其纳入符合标准的范围之内。

对于直接影响质量的关键工序、可能影响后续工序的前置工序、容易出现质量问题或已经有过返工经历的工序，需要设置工序质量控制点来确保生产质量稳定。设立工序质量控制点的关键作用在于确保工序在质量要求规定下正常、高效运转，以达到生产尽可能多的达标产品和最大的经济效益。确保工序质量管理的关键是确定合适的质量标准、技术标准和工艺标准，同时需要明确控制水平和控制方法。

工程建设中存在一些工序，其操作人员、机具设备、材料、施工工艺、测试手段、环境条件等因素对施工质量有着极大的影响，因此需要进行详细的分析和验证，并采取必要的控制措施。同时，要记录验证过程，确保建设单位的正式工序得到有效控制。工序记录主要包括实测记录和验证、签证，用于记录质量特性的情况。

（4）人员素质的控制管理

为了保证施工质量，需要进行人员培训，包括优选施工人员，并提高他们的专业素养。首要任务是提高他们的质量观念，其次是提高人的技能水平。在质量管理方面，管理干部和技术人员必须具备出色的计划、目标、组织和指导能力，同时也需要拥有精湛的质量检查技巧。生产人员应具备高超的技能水平和认真严谨的工作态度，同时具有遵循法规规范及执行质量标准和操作规程的意识。为确保工程质量，服务人员需要提供高质量的技术和生活服务。只有通过出色的工作表现，才能间接有效地提高工程质量。提升个人素质可以通过质量教育、融合精神和物质激励、培训和选拔等手段实现。

（5）设计变更与技术复核的控制管理

要加强对施工过程中提出的设计变更的控制管理，以确保设计变更不会影响施工过程的效率和安全。在涉及重大问题时，建设单位、设计单位和施工单位需要三方协商后达成共识，由设计单位负责调整并重新向施工单位发出设计变更通知书。任何对于建设规模、投资方案等具有重大影响的变更，必须得到原设计单位的同意，方可进行修改。每一次设计修改都需要有详细的书面记录，必须按照规定妥善归档。

在园林工程项目中，应当制定一个完善的质量保证体系和明确的质量责任制，以确保各方都清楚自己的责任。在施工过程中，需要对所有环节进行严格管控，确保各个分部、分项工程都能够得到全面、到位的管理。在实施全过程管理的过程中，需要根据施工队伍的状况以及工程特点和常见的质量问题，明确质量目标和应急处置措施。要根据质量目标和攻关内容，制定施工组织设计，以建立具体的质量保证计划和攻关措施，明确实施的内容、方法和效果。实现质量控制的目标管理需要关注目标设定、目标实施和目标达成三个阶段。在各个专业和工序中，应以全面的质量控制为核心进行管理，从多个方面确保工程质量，以确保达到工程质量控制管理的目标。

第六章　园林景观工程施工成本管理

本章为园林景观工程施工成本管理，从三个方面对园林景观工程施工成本管理做详细的介绍，依次是园林景观工程成本管理概述、园林景观工程成本核算、园林景观工程成本计划与控制。

第一节　园林景观工程成本管理概述

一、园林工程施工项目成本管理的概念

在园林工程的施工管理中，降低工程造价是至关重要的一项任务，其主要是对成本进行有效控制与管理。园林工程施工成本管理，一般而言，是指在项目生产经营期间，针对成本而进行的指导、监督和调控各项资源，如人力、物力和费用等的管理行为，目的在于尽可能降低成本和费用，达到成本预期。

二、园林工程施工项目成本的构成

施工项目成本就是因为工程施工而产生的所有生产费用之和。该项费用可以分成直接成本和间接成本两部分：前者涵盖了施工所使用的主辅材料成本、构配件成本、周转材料的成本、施工机械的花费、生产工人的工资和奖金；后者主要是在现场推进施工过程所发生的所有组织和管理费用。

（一）直接成本

在施工过程中，直接成本是指用于形成工程实体，也就是施工的全部费用，如人工成本、材料成本、机械使用成本和其他直接成本等。

1.人工成本

人工成本也就是用于支付工程施工岗位的生产工人的一切费用，包括但不限

于工资、奖金、工资性质的津贴、生产工人辅助工资、职工福利费、劳动保护费等。

2. 材料成本

材料成本也就是施工行为所使用的原材料、辅助材料、构配件、零件和半成品所产生的支出费用，以及周转材料的摊销和租赁费用。

3. 机械使用成本

机械使用成本涵盖了使用施工单位原有的施工机械所形成的费用、租赁其他人或企业的施工机械所形成的租赁费、施工机械安装、拆卸和进出场所产生的费用。

4. 其他直接成本

其他成本指的是因为施工活动而产生的具有间接成本性质的其他费用，其涵盖了施工活动产生的许多成本，如材料二次搬运成本、临时设施摊销成本、生产工具使用成本、检验试验成本、工程定位复测成本、工程点交费、场地清理成本，还有阴雨天气下施工增加的成本、仪器仪表使用成本、特殊工程培训成本以及在特定地区施工增加的成本等。

（二）间接成本

企业内各项目经理部为准备、组织和管理施工生产所支出的费用都属于间接成本。

①员工工资成本，指施工项目管理人员的薪酬、奖金、工资性津贴等。

②劳动保护成本，指根据规定标准，管理员工购买和维修劳动保护用品所需的成本，以及在施工环境对身体健康有害时，所需要的预防性医疗成本和防暑降温成本。

③员工福利成本，是指根据施工管理人员总工资的特定比例生成的福利成本。

④办公成本，涵盖了为满足施工管理办公需求所购买的各类文具、书报、纸张，以及用于办公的印刷、邮电、会议、水、电、烧水和集体取暖用煤等花费的成本。

⑤差旅交通成本，指的是出差期间形成的各种成本，包括旅费、住宿补助、城市交通费用、午餐补助、劳务招募成本、员工探亲路费、员工退休或离职后的一次性路费、工伤员工就医路费、工地转移成本，以及管理现场所需的车辆使用相关成本。

⑥固定资产使用成本，指的是现场管理和试验的设备和仪器等固定资产，在使用过程中折旧、维修、修缮和租赁形成的成本。

⑦工具用具使用成本，指现场管理所使用的非固定资产类工具，如家具、测绘用具等，非固定资产的购买、维修和摊销的成本。

⑧保险成本，涵盖了财产、车辆保险，以及针对高空、井下、海上作业等特殊工种的安全保险等成本。

⑨工程保修成本，指的是在建筑工程验收交付后，根据合同规定，为了维修保修期间工程出现诸多问题而花费的成本。

⑩工程排污成本，指的是用于处理工程施工中产生的废水、废气等污染物质排放的成本。

⑪其他成本，根据项目管理的规定，只要是发生在项目可控制的费用范围内的开支，都应该被列入项目的财务核算中。这样可以确保施工项目管理的经济责任的划分和落实。因此，施工项目的成本还包括如下成本：

A.工会经费，从现场管理人员的工资总额中提取一定比例的资金作为工会经费所形成的成本。

B.教育经费，与工会经费类似，也是指将现场管理人员工资总额的一定比例用于职工教育形成的成本。

C.业务活动经费，指的是用于业务活动的成本。

D.税金，指的是房产税、车船使用税、土地使用税、印花税等为施工项目缴纳的税务费用。

E.劳保统筹费，费用金额的确定方式与教育经费类似，用于劳保统筹的成本。

F.利息，指的是项目在银行贷款后需要支付的利息。

G.其他财务成本，指的是因汇率波动损失的汇兑，以及外汇、银行的手续费等。

企业所承担的经营费用、企业管理费用和财务费用应当依据规定归属为当期损益，也就是被视为期间成本，并不应归属为施工项目成本。

施工项目成本和企业成本不能涵盖所有成本，还有以下不属于两者的成本：固定资产、无形资产和其他资产的购置或建造成本；对外投资成本；被没收的财物、滞纳金；罚款、违约金、赔偿金；企业赞助、捐赠的支出；不包含在国家法律、法规之内的各种付费和根据国家规定不能列入成本费用的其他支出。

三、园林工程施工项目成本管理的意义和作用

在园林工程相关的企业的运营管理中，施工项目成本管理已经成为不可缺少的一部分管理内容，并且为企业领导层和管理层越发重视。对于施工项目管理而言，成本管理意味着其发展层次更加深入，反映了其本质特征，并且发挥了不可替代的作用。

园林项目成本管理要根据合同规定对工程质量和工作提供保障，这是一切管理行为的前提，成本管理需有效地管理项目施工活动中所形成的一切支出。该管理活动以成本目标的实现为目的，采取制定计划、组织实施、控制和协调等措施，最大限度地降低成本。其是由技术、经济和管理等方面的活动所共同协作完成的。其中，技术方面涉及施工方案的制定和评选，经济方面则包括核算等财务活动，而管理方面则包括施工组织管理、各项规章制度等管理任务。各项耗费在项目施工过程中的总和即为成本。园林成本管理是一项庞杂、烦复的工作，涉及项目管理的整个过程和各个方面。从参与投标活动、签订合同，到施工准备、现场施工和竣工验收，甚至包括后期的养护管理，成本管理工作都是必不可少的环节。

第二节 园林景观工程成本核算

一、园林工程施工项目成本核算概述

园林工程施工项目成本核算是指在施工过程中记录和比较各种费用和成本，以确定实际项目成本与计划目标成本之间的差异，此过程要求记录的费用和成本应按照相同的标准进行分类和统计。这个过程由两个主要步骤组成：一是根据规定的成本开支标准，分类统计施工费用，得出实际支出金额。二是针对成本核算的对象，选取科学合理的方法，计算出总成本和单位成本。成本的预测、计划、管理、分析和考核等环节都需要依据施工项目成本核算所提供的各种成本信息。所以，加强施工项目的成本核算工作具有积极作用，能够有效地降低施工项目成

本，提升企业经济效益。

二、园林工程施工项目成本核算偏差原因分析

分析园林工程施工项目成本偏差是为了识别造成成本偏差的因素，以便有的放矢地制定方案采取措施，以高效管控施工成本。通常情况下，成本偏差背后涉及多个方面的因素，包括客观的自然和社会因素，以及主观的人为因素。要综合分析成本偏差，就需要列举所有与成本偏差有关的因素，并对它们进行分类。然后利用因果分析、因素分析、ABC 分类、相关分析和层次分析等数据分析方法来统计总结，最终明确主要原因。

三、园林工程施工项目成本核算偏差数量分析

园林工程施工项目成本分析与预测，指的是利用统计核算、业务核算和会计核算提供的数据，分析影响成本的因素和成本形成的过程，以发现降低成本的方法，如找出成本中的有利偏差并加以利用，以及纠正不利差异。除此之外，成本分析能够帮助我们根据账簿和报表等数据，掌握成本的真实情况，以提升项目成本的透明度和可控性。这使得我们能够更好地管理成本，达成项目成本目标。这表明，分析和预测施工项目的成本是提高项目经济效益和降低成本的重要途径，应采取动态的、多样化的方式，同时结合生产要素的经营管理。成本分析和预测的目的在于服务于生产经营，及时发现和解决矛盾，改善生产经营的情况，同时，也有助于发现降低成本的方法。

园林工程项目施工成本偏差的数量分析，旨在比较预算成本、计划成本和实际成本，以便找出差距并探究原因。该分析有助于工程成本分析更加深入，提升成本管理水平，从而实现成本控制的目标。

（一）偏差分析

通过比较成本之间的差异，可以得到计划偏差和实际偏差这两种结果。

1.计划偏差

计划偏差是指计划成本与预算成本之间的差额，指的是成本预期控制的目标。

计划偏差＝预算成本—计划成本

预算成本在此处可以被细分为施工图预算成本、投标书合同预算成本和项目管理责任目标成本三个级别。所谓计划成本，即指施工预算，也就是现场目标成本。两者的偏差体现出计划成本与社会平均成本、竞争性标价成本以及企业预期目标成本之间的不同之处。如果计划偏差为正数，则意味着成本预算得到了有效控制，同时也反映了管理者在计划阶段所运用的才智和经验。项目管理者或企业经营者的成本管理效益观念一般体现为以下公式：

计划成本 = 预算成本－计划利润

通过这种方式来制定计划成本并制定和采取保障措施。

分析计划偏差主要是为了验证和加强工程成本计划的正确性和可行性，确保工程成本计划在实际施工中能够有效地指导工作。通常情况下，计划成本应当与以最经济合理的施工方案和企业内部施工定额所确定的施工预算相等。

2. 实际偏差

实际偏差是指计划成本与实际成本之间的差额，可用来了解施工项目的成本管理效果，以及作为项目成本管理水平的评价标准。

实际偏差 = 计划成本－实际成本

分析实际偏差是为了了解计划成本的执行情况，并进行相应的改进和调整。如果计划成本管理为负差，要解决其所反映的问题，就需要激发成本管理的潜力，纠正偏离目标的偏差，确保计划成本的达成。

（二）人工费偏差分析

在实行项目管理后，通常会采用承包方式进行工程施工的用工安排。其特征如下：

①根据工程量和预算定额计算定额人工，是计算劳务费用的基础。

②工人的劳务报酬单价是由承包方与发包方商议，通常会根据技术工种、普通工种或技术等级来制定不同的工资单价。

③不属于定额人工的估点工的计算方式是根据定额人工的比例包干，或者根据实际情况计算，估点工单价由双方商定。

④项目经理应基于施工进度和质量的实际情况，对作出特殊贡献的班组和个人给予奖励。

上述表明，分析工程项目的人工费应重点考虑以下方面：是否认真执行预算定额、是否存在工资单价涨价的情况以及是否有效控制估点工数量。

（三）材料费分析

材料费主要为主材、结构件和周边材料的支出。因为这三种材料或需购买，或需加工，或需租借，所形成费用的类型各不相同，所以应当使用不同的分析方法。

1. 主要材料费分析

主要考虑两个因素，一是材料消耗量的多少，二是采购价格的高低。换句话说，要实现"量价分离"，分别控制材料消耗量和采购价格，这两者缺一不可。在进行材料费分析时，需要使用差额计算法，以适应上述特点。

2. 结构件费用分析

结构件费用是指各加工单位运送钢门窗、木制成品、混凝土构件、金属构件、成型钢筋等结构件到施工现场所需的场外运费。这部分费用会计入结构件价格，由施工单位支付。此外，还有结构件加工费用，包括蒸养费、冷拔费等。

3. 周转材料费用分析

在施工项目中，常用的周转材料包括钢模、木模、脚手架用钢管和毛竹，以及暂时性使用的水、电、料等。在施工过程中，周转材料通常经历以下过程：被使用后逐渐磨损，最终无法使用而报废。周转材料分析的核心就是计算周转利用率和赔损率。根据规定，应逐月摊销周转材料的价值。

（四）机械使用费分析

机械利用率是机械使用费分析的主要内容。机械利用率低往往是因为机械没有得到高效调度及完好率较低。所以，为了降低机械使用费，以及实现机械利用率的最大化，需要做好机械设备的平衡调度。此外，还需要强化设备的日常维护和保养，提高机械设备的完好率，保证其正常运转。除了机械利用率之外，其使用费分析也需要分析施工方案。

（五）施工间接费分析

为进行施工管理而形成的现场费用就是施工间接费用。分析施工间接费应当关注比较计划和实际的差异。施工间接费明细账是记录施工间接费实际数据的主要资料来源。在群体工程项目中，如果以单位工程作为成本核算的对象，则必须先对施工间接费集中统计，然后再通过合理的分配方式，将这些费用分配给相应的单位工程。这样可以确保成本核算的准确性。

第三节 园林景观工程成本计划与控制

一、施工项目成本计划

（一）施工项目目标成本的确定

1. 定额估算法

（1）估算条件

在定额资料充分，且已经及时、准确地作出了施工图预算和施工预算的情况下，可使用定额估算方法来进行估算。

（2）估算步骤

①依照投标和预算资料，计算出合同价与施工图预算之差，以及合同价与施工预算之差。

②依照定额和实际情况对未列入施工预算的项目成本作出估算。

③部分子项目的实际成本与定额有显著差距，需要基于实际成本对价格差进行计算。

④投标需注意不可控和难以预测的因素，以及工期等可能给成本带来的影响，从而调整测算。

⑤对降低额和降低率进行综合计算。

2. 定率估算法

（1）估算条件

对于规模巨大、结构繁复的工程项目，定额估算方法并不适用，可以选取定率估算方法进行评估。

（2）估算步骤

①依照分部和分项，将工程项目划分为几个可参考的子项。

②使用历史数据比对相似项目的情况，获得每个子项目的目标成本降低率和具体降低金额，此处采取数学平均数法。

③将所有子项目的降低额和降低率加总，计算项目成本的总降低额和降低率。

3. 直接估算法

（1）估算条件

当施工图已经形成，且已经设计出合理、科学的施工方案时，可以依照计划人工、机械、材料等消耗量，以及多项费用，将实际成本估算出来，此处可选取直接估算法。

（2）估算步骤

①按照施工图和预算定额项目，以及工作分解结构，逐级分解工程项目，使之成为若干子项目，降低估算难度。

②将子项目作为计算单位对象，从下往上逐一估算，最终将整个工程项目的估算结果进行汇总形成总数据。

③结合风险因素和物价上涨，对估算结果作出相应的调整。

（二）施工项目成本计划的编制

1. 编制内容

（1）总则

工程项目的总体概述、项目管理机构和层次、工程进度和外部环境特点、合同中经济问题的责任规定、成本计划编制的文件依据和规格简介。

（2）目标及核算原则

目标：降低工程项目成本的金额和降低率的目标，计划的总利润目标，投资、主要材料、贷款和流动资金的节约额度目标等方面。

核算原则：每个单位的承包方式和费用分配方式、会计核算原则，以及结算款的币种和币值等。

（3）降低成本计划总表或总控制方案

在施工阶段，需要制定施工成本计划，其中需要详细记录直接费用、间接费用、独立费用及计划支出和计划降低额。如果涉及多个施工单位，就需要对其进行分别编制，最后再进行汇总。

（4）工程项目成本计划中计划支出数估算过程的说明

细分主要支出项目，包括材料、人工、机械和运费等，同时说明不同种类材料的支出，以及采购成本差异是否计入成本，方便有效的成本控制和绩效评估。

（5）计划降低成本的来源分析

分析工程项目的技术和经济措施，并评估其预期经济效益。

（6）管理费用计划

制订工程项目的管理费用计划时，需要基于该项目的核算期和总收入，根据各单位，分别制定收支计划，并将其汇总，作为施工管理费用计划。

（7）风险因素说明

成本计划需要特别说明计划中的不确定因素，如实际施工中某些技术可能需要变更，材料的市场价格不固定，通货膨胀和国际结算存在一些汇率风险等，这些因素都是成本增加的潜在原因。同时，成本计划还需说明对这些风险因素的已考虑程度和应对措施。

2.施工项目成本计划的编制步骤

①搜集相关信息。

②制定成本计划的结构框架。

③预估成本计划。

④表达要求降低费用。

⑤成本计划的执行保证措施。

二、施工项目成本控制

（一）施工项目成本控制的概念

在整个施工过程中，项目经理部会作出一系列成本管理活动，包括成本预测、计划、执行、检查、核算、分析和评估，这些活动旨在有效调节人工、机械和材料的消耗、支出，降低成本，并达成项目成本目标。施工项目成本所包含的各个方面，如表6-3-1所示。

表 6-3-1　施工项目成本的构成

成本管理	内容
直接成本	直接成本即施工过程中耗费的构成工程实体或有助于工程形成，且能直接计入成本核算对象的费用
	人工费：直接从事园林施工的生产工人开支的各项费用，包括工资、奖金、工资性质的津贴、工资附加费、职工福利费、生产工人劳动保护费等
	材料费：施工过程中耗用的构成工程实体的各种材料费用，包括原材料、辅助材料、构配件、零件、半成品费用、周转材料摊销和租赁等费用
直接成本	机械使用费：施工过程中使用机械所发生的费用，包括使用自有机械的台班费、外租机械的租赁费、施工机械的安装、拆卸进出场费等
间接成本	间接成本即项目经理部为施工准备、组织和管理施工生产而必须支出的各种费用，又称施工间接费。它不直接用于工程项目中，一般是按一定的标准计入工程成本。 包括： （1）现场项目管理人员的工资、工资性津贴、劳动保护费等。 （2）现场管理办公费用、工具用具使用费、车辆大修、维修、租赁等使用费。 （3）职工差旅交通费、职工福利费（按现场管理人员工资总额的 14% 提取）、工程保修费、工程排污费、其他费用。 （4）用于项目的可控费用，不受层次限制，均应下降到项目计入成本，如：工会经费（按现场管理人员工资总额 2% 计提）。 教育经费（按现场管理人员工资总额的 1.5% 计提）、业务活动经费、劳保统筹费。 税金：项目负担的房产税、车船使用税、土地使用税、印花税利息支出；项目在银行开户的存贷款利息收支净额。 其他财务费用：汇兑净损失、调剂外汇手续费、银行手续费及保函手续费

（二）施工项目成本控制的原则

1. 全面控制的原则

（1）全员控制

①建立项目成本控制责任体系，每个人都参与其中，明确每个人的责任和权利。

②除了管理部门，项目和其他部分的各负责人，乃至施工队，整个项目的全员都有责任控制成本，并拥有一定的相关权利，可以基于其成本控制方面的业绩，对其薪资进行调整，构建有效的成本控制责任网络。

（2）成本控制

需要融入项目施工过程的方方面面和各个时期，采取全过程管理模式。每一个经济交易都必须被纳入成本控制的范畴。

2. 动态控制的原则

①在开展建设工作前，需先预测成本，设置目标成本，编写成本控制计划，明确或更新各种用量标准和费用支出标准。

②在施工过程中，重点按照成本计划开展控制管理工作，并且采取切实的降低成本的举措，执行成本目标管理。

③构建成本信息反馈机制，促进成本控制管理中的信息交流，让管理者能够获得实时信息，及时控制不利的成本偏差。

④控制不合理、不必要的费用。在项目结束阶段，成本已经基本确定，主要工作是核算、分析和考评整个项目的成本。

3. 开源节流的原则

①在控制成本时，应当遵循增加收入和节约开支相结合的原则。

②工程预算是合同签约的一个重要依据，应该采用"以支定收"的方式进行编制。在施工过程中，在预算收入不变的前提下，需要采用"以收定支"的原则，严格控制资源消耗和费用支出。

③应当审查、确认成本费用与预算收入有无偏差，并检查收支是否平衡。

④定期核算成本，比较分析实际成本和预算收入。

⑤利用恰当的时机提出索赔，有力地争取甲方给出经济补偿。

⑥实行严格的财务制度，限制和检查所有费用的开支。

⑦提升施工项目的科学管理水平，优化施工方案，以提高生产效率，降低人力、物力、财力的成本。

（三）施工项目成本控制的内容

施工项目成本控制的内容，如表 6-3-2 所示。

表 6-3-2 施工项目成本控制工作内容

项目施工阶段	内容
投标承包阶段	（1）对项目工程成本进行预测、决策。 （2）中标后组建与项目规模相适应的项目经理部，以减少管理费用。 （3）园林施工企业以承包合同价格为依据，向项目经理部下达成本目标。

项目施工阶段	内容
施工准备阶段	（1）审核图纸，选择经济合理、切实可行的施工方案。 （2）制订降低成本的技术组织措施。 （3）项目经理部确定自己的项目成本目标并进行目标分解。 （4）反复测算平衡后编制正式施工项目计划成本
施工阶段	（1）制订落实检查各部门、各级成本责任制。 （2）执行检查成本计划，控制成本费用。 （3）加强材料、机械管理，保证质量，杜绝浪费。 （4）搞好合同索赔工作，避免经济损失。 （5）加强经常性的分部分项工程成本核算分析以及月度（季、年度）成本核算分析，及时反馈，以纠正成本的不利偏差
竣工阶段 保修期间	（1）尽量缩短收尾工作时间，合理精简人员。 （2）及时办理工程结算，不得遗漏。 （3）控制竣工验收费用。 （4）控制保修期费用。 （5）总结成本控制经验

（四）施工项目成本控制的基本程序

1. 制定控制标准

制定控制定额标准的目的在于为确保有效控制各项成本费用提供基本前提。通常情况下，控制定额的基准应当使用目前的预算定额或施工定额。

一般来说，定额控制标准的实际制定中，需依照直接材料费、直接人工费、机械费和间接费的分类进行制定。

2. 揭示成本差异

成本差异是指通过比较计算成本标准预算和真实支出得出的成本差额，如果成本控制得当，实际成本相对较低，就会形成有利差异。而如果成本失控导致超支，实际成本相对较高，就会形成不利差异。通常情况下，会基于成本的责任进行成本差异计算。在分析和揭示成本差异时，需要识别可控费用和不可控费用。

在分析成本差异的过程中，需要特别侧重于直接材料成本、直接人工成本和间接成本。在工程项目成本中，材料成本占比较高，通常为60%～70%。所以，成本控制的一个有力措施就是节约材料成本，要重点控制材料的消耗，以降低材料成本。

3. 成本反馈控制

在成本管理中，通过进行成本差异分析来控制成本，需及时将差异情况和原因传达给对应的责任部门和责任人，使其尽快采取调控措施，这一过程就是成本反馈控制。

4. 成本控制报告

成本控制报告，主要用于表明每个成本责任单位在特定时间内是否按照其承担的成本责任来工作。可以定期编制"材料消耗量的差异报告"，反映主要材料的消耗量差异情况，其他主要费用也是定期报告，一般周期为 1 周或 10 天。

（五）施工项目成本控制的方法

1. 采用技术、经济、组织措施控制法

①就技术层面而言，项目经理部需要制定三种技术方案，分别针对施工准备、施工过程和竣工验收，其中需要比较和分析多个内容，如采取何种工艺、材料和技术，采取何种措施保证质量、工期和成本符合预期等。应从多个角度出发，综合各种措施来控制成本。

②就经济措施层面而言，需要根据成本计划，多次对比和分析项目的预算成本及实际成本，审查和把控所有支出，以降低开支。应构建成本责任制，确保责任细化到个人，并奖惩分明。

③就组织措施层面而言，需要成立并完善成本管理机构，优化组织措施，确保成本计划顺利执行。在每个工地上分配专门的预算员和成本员，构建项目成本责任制，并将责任细化到各项目管理班子成员上以实现有效的项目成本管理。这样可以构建一个群管成网、专管成线、责任分明、分工合理的项目成本管理机制。

2. 指标偏差对比控制方法

（1）发现偏差

工程项目的成本指标偏差，可以分为以下三种：

$$实际偏差 = 实际成本 - 预算成本；$$

$$计划偏差 = 预算成本 - 计划成本；$$

$$目标偏差 = 实际成本 - 计划成本。$$

在工程项目施工期间，需要定期计算和控制上述偏差，以达到目标偏差，一般计算频率为每天或每周。

（2）分析偏差原因

需要考虑设计方案变更、资源供应、价格波动、现场条件限制、气候条件影响、定额和预算的误差、质量和安全事故，以及管理水平等方面的因素。

参考文献

[1] 骆明星，韩阳瑞，李星苇.园林景观工程 [M].北京：中央民族大学出版社，2018.

[2] 王裴.园林景观工程数字技术应用 [M].长春：吉林美术出版社，2018.

[3] 吕敏，丁怡，尹博岩.园林工程与景观设计 [M].天津：天津科学技术出版社，2018.

[4] 李从文.园林景观工程质量管理手册 [M].北京：中国林业出版社，2013.

[5] 钟丹，姬中凯.园林景观工程技术 [M].长春：吉林大学出版社，2017.

[6] 侯娇，阙怡副.园林景观工程材料与构造 [M].重庆：重庆大学出版社，2022.

[7] 雷一东.园林植物应用与管理技术 [M].北京：金盾出版社，2019.

[8] 王良桂.园林工程施工与管理 [M].南京：东南大学出版社，2009.

[9] 吴智彪，叶登舞，李奕佳.园林工程施工管理 [M].厦门：厦门大学出版社，2012.

[10] 巩玲.园林工程施工现场管理必读 [M].天津：天津大学出版社，2011.

[11] 陈平平.园林工程现场施工要点与管理注意事项 [J].城市建设理论研究（电子版），2023（13）：101-103.

[12] 胡林华.市政园林工程施工与质量管理措施探究 [J].城市建设理论研究（电子版），2023（5）：126-128.

[13] 易晓燕.园林绿化施工与养护管理要点分析 [J].四川建材，2023，49（1）：237-238.

[14] 刘传业.城市园林工程施工管理研究 [J].砖瓦，2022（12）：89-91，94.

[15] 吕俊杰.园林施工技术难点与管理对策 [J].世界热带农业信息，2023（2）：69-71.

[16] 江宏伟.现代风景园林施工工艺及管理对策研究 [J].城市建设理论研究（电子版），2022（30）：94-96.

[17] 姜昊哲 . 现代风景园林施工管理对策 [J]. 江苏建材，2022（4）：134–135.

[18] 董葳 . 园林工程项目施工质量管理研究 [J]. 乡村科技，2022，13（7）：110–113.

[19] 沈志祥 . 园林景观工程施工安全管理要点 [J]. 中国建筑装饰装修，2022（4）：129–130.

[20] 袁世界 . 园林工程施工及养护管理的策略分析 [J]. 河南农业，2021（35）：25–26.

[21] 邱化腾 .YHF 园林景观工程项目成本管理研究 [D]. 青岛：青岛大学，2021.

[22] 张易鑫 . 国旅公司 6C 园林景观工程项目进度管理研究 [D]. 成都：电子科技大学，2020.

[23] 吴春根 . 园林施工中的现场设计和协调研究 [D]. 广州：华南农业大学，2019.

[24] 王燕 . 园林施工企业全过程工程造价管理研究 [D]. 青岛：山东科技大学，2019.

[25] 杨寅正 . 园林工程施工精细化管理研究 [D]. 广州：华南理工大学，2018.

[26] 冯建峰 . 园林绿化工程施工成本控制应用研究 [D]. 苏州：苏州科技学院，2015.

[27] 张春敬 . 园林工程施工企业采购系统评估及改进 [D]. 重庆：重庆交通大学，2015.

[28] 邓勇 . 园林工程施工质量管理与控制 [D]. 杭州：浙江大学，2014.

[29] 伍胜建 . 园林设计与施工协调管理模式研究初探 [D]. 长沙：中南林业科技大学，2014.

[30] 卢文龙 . 现代园林工程管理调查研究 [D]. 西安：西北农林科技大学，2013.

[31] 孙天鹏 . 高职院校大学生拖延现状及干预研究 [D]. 重庆：重庆师范大学，2021.